科学出版社"十四五"普通高等教育本科规划教材

伽罗瓦理论

胡 维 编著

科 学 出 版 社

北 京

内 容 简 介

本书是科学出版社"十四五"普通高等教育本科规划教材,主要介绍伽罗瓦理论及其应用,完整地介绍了如何利用域的扩张、伽罗瓦基本定理和群论的知识证明伽罗瓦大定理:代数方程可以根式解当且仅当其对应的伽罗瓦群为可解群,特别是一般五次以上代数方程没有根式解公式. 在伽罗瓦理论的应用方面,介绍了尺规作图、e 和 π 的超越性等. 本书的主要特点是从第一视角切入,通过不断设问来将知识不断向前推进,尽可能做到介绍每个知识都有一个合理的理由. 本书的部分习题有一定的难度,如果遇到困难可以通过相互讨论或者网络查询寻找答案.

阅读本书需要读者有基本的群论知识和一定的环论知识,本书可供学习完近世代数课程的本科生阅读,也可供高校教师及科研工作者阅读参考.

图书在版编目(CIP)数据

伽罗瓦理论 / 胡维编著. -- 北京: 科学出版社, 2024. 11. -- (科学出版社"十四五"普通高等教育本科规划教材). -- ISBN 978-7-03-079679-0

Ⅰ. O153.4

中国国家版本馆 CIP 数据核字第 202413WM41 号

责任编辑:张中兴 梁 清 孙翠勤 / 责任校对:杨聪敏
责任印制:师艳茹 / 封面设计:蓝正设计

科 学 出 版 社 出版

北京东黄城根北街 16 号
邮政编码: 100717
http://www.sciencep.com

三河市骏杰印刷有限公司印刷

科学出版社发行 各地新华书店经销

*

2024 年 11 月第 一 版 开本:720×1000 1/16
2024 年 12 月第二次印刷 印张:6 3/4
字数: 131 000

定价: 39.00 元

(如有印装质量问题,我社负责调换)

随着我国经济建设和科学技术的发展, 高等教育的教材建设面临很多新的挑战. 党的二十大报告明确指出 "教育是国之大计、党之大计. 培养什么人、怎样培养人、为谁培养人是教育的根本问题", 要 "加强基础学科、新兴学科、交叉学科建设". 伽罗瓦理论是现代代数学的最重要基础理论之一, 广泛应用于编码、密码等现代科学领域; 尺规作图等经典应用对基础教育也有着非常重要的作用. 因此, 作者基于 2018、2021 和 2023 年讲授本科生课程伽罗瓦理论的讲义编写了本教材.

伽罗瓦理论起源于代数方程的研究, 是近代数学历史上最具有传奇色彩的数学理论之一, 它的开端是不到 20 岁的伽罗瓦引入群的概念完全解决了高次方程的根式解问题, 虽然伽罗瓦在 21 岁就去世了, 他的这项成果也一度差点消失在数学历史的长河中, 但幸运的是在距离他去世后十二年, 刘维尔 (1844) 发现了伽罗瓦留下的手稿并重新整理, 使得这个理论重见天日, 并彻底改变了代数学的面貌, 这个理论对数学中的其他分支以及物理化学等都起到了重要作用, 今天的计算机网络通信和加密方法基本都是建立在伽罗瓦提出的有限域的理论基础上的, 如果其成果消失在历史中, 我们今天的世界可能会非常不同.

由于伽罗瓦理论是少有的一开始就有非常明确的引人入胜的总目标的课程, 伽罗瓦大定理给人非常神秘的感觉, 想完全了解这个定理是如何一步步实现的是学生学习这个课程最大的动机. 编写本书的其中一个原因是希望从第一视角切入, 层层设问, 通过 "问题创建" 和 "问题解决" 这两个数学学习和教学中的最根本手段, 一步步推进伽罗瓦理论的知识介绍.

本书的整体结构如下: 第 1 章详细介绍伽罗瓦理论的起源以及伽罗瓦代数方程可根式解的判定条件, 确立伽罗瓦理论的总目标. 为了适用更广泛的理论体系, 我们在一般域上考虑代数方程求根问题, 这自然地就涉及域的扩张、多项式的分裂域、代数闭包等基本理论, 这些内容我们在第 2 章介绍.

在第 2 章的末尾, 我们会看到一些特殊的多项式的分裂域和伽罗瓦群, 对它们之间的关系有个初步的印象: 分裂域越复杂, 伽罗瓦群也越复杂. 这启发我们在第 3 章探索域扩张的中间域和伽罗瓦群的子群之间的对应关系, 这部分内容是伽罗瓦理论的核心内容, 包括伽罗瓦扩张等核心概念.

由于代数方程的根式解问题实际上关心的是多项式的分裂域, 而伽罗瓦基本定理考虑的是伽罗瓦扩张, 因此我们在第 4 章研究什么时候多项式的分裂域是伽罗瓦扩张. 这样可分扩张、完全域等内容也自然地进入第 4 章. 作为伽罗瓦理论的一个简单应用, 第 4 章给出了代数学基本定理的一个证明.

为了研究代数方程根式解与伽罗瓦群可解的相互关系, 在第 5 章主要讨论多项式的伽罗瓦群的基本特点, 低次多项式的伽罗瓦群, 以及伽罗瓦群为循环群的扩张与根式扩张的关系. 而第 6 章在简单回顾可解群的定义和判定方法之后, 给出了代数方程根式解与伽罗瓦群可解的相互关系的主要定理的证明.

第 7 章和第 8 章, 介绍伽罗瓦理论的两个经典的应用: 尺规作图以及 e 和 π 的超越性. 对学有余力的读者, 我们在第 9 章安排了求整系数多项式伽罗瓦群的有效方法——模 p 法.

在本书编写过程中, 舒选林博士和郭倩倩博士在 LaTeX 排版和习题编排等方面给予了很多帮助, 在此表示衷心感谢! 由于作者水平有限, 书中难免存在疏漏和不足之处, 敬请广大读者批评指正.

作　者
2024 年 5 月

第1章 伽罗瓦理论的起源

伽罗瓦理论起源于代数方程的根式解的研究. 人类在历史变迁中, 可以说长期与方程斗智斗勇. 对于线性方程组, 智慧的中国先贤们在《九章算术》里就给出了加减消元的解法 (也就是我们在线性代数里学到的高斯消元法), 可以说是被人类轻松 "碾压". 但对于代数方程, 即

$$f(x) = 0$$

形式的方程, 其中 $f(x)$ 是一个关于 x 的多项式, 就没有那么轻松了. 比如解方程

$$x^5 - x + 1 = 0.$$

利用伽罗瓦理论, 可以证明这个方程的根不能利用其系数经过有限次的加、减、乘、除及开任意次方得到, 也就是说这个方程不能根式解. 如果没有伽罗瓦理论, 要证明这个事实是难以想象的.

为了简便起见, 本章所说的多项式都是有理数系数的多项式. 我们都知道代数学基本定理, 任意正次数多项式 $f(x)$ 在 $\mathbb{C}[x]$ 中都可以分解成一次因式的乘积

$$f(x) = a(x - c_1)^{n_1} \cdots (x - c_r)^{n_r},$$

其中 $c_1, \cdots, c_r$ 都是复数, 它们恰为 $f(x) = 0$ 在 $\mathbb{C}$ 中的根. 如果你想求出这些根 c_1 到 c_r 就非常困难了!

对于二次的代数方程 $x^2 + bx + c = 0$, 如果不考虑负数开平方根的问题的话, 这个方程也早已被人类征服, 它的根是

$$x = \frac{-b \pm \sqrt{b^2 - 4c}}{2}.$$

三次和四次代数方程直到 16 世纪才被解决, 一般三次方程

$$x^3 + ax^2 + bx + c = 0$$

总可以通过用 $x - \dfrac{a}{3}$ 替换 x 将方程化为 $x^3 + px + q = 0$ 的形式. 如果 $4p^3 + 27q^2 \geqslant 0$, 此时方程的一个根如下:

$$x_1 = \sqrt[3]{-\frac{q}{2} + \sqrt{\left(\frac{q}{2}\right)^2 + \left(\frac{p}{3}\right)^3}} + \sqrt[3]{-\frac{q}{2} - \sqrt{\left(\frac{q}{2}\right)^2 + \left(\frac{p}{3}\right)^3}},$$

称为卡尔达诺公式 (Cardano, 1501—1576). 这里大家发现, 它是有理数经过加、减、乘、除以及开若干次方得到, 我们把这些运算统一称为**代数运算**. 一个自然的问题是

问题 1.1　对于一个有理数系数多项式 $f(x)$, 其在 $\mathbb{C}$ 中的根是否都可以通过有理数经过有限次的代数运算得到? 如果可以, 我们称 $f(x) = 0$ 可以根式解.

或者更大胆第问

问题 1.2　对一般的 n 次有理数系数多项式 $f(x)$, $f(x) = 0$ 的根是否有统一的求根公式, 而这个公式的表达式中只包含其系数的有限次代数运算?

在卡尔达诺的学生费拉里 (Ferrari, 1522—1565) 找到 4 次代数方程的根式解以后, 很多数学家都致力于寻找 5 次以上代数方程的求根公式. 那时数学家们都相信这个公式一定是存在的!

其中, 著名的数学家拉格朗日 (Lagrange, 1736—1813) 做了大量的工作. 他发现了一件很神奇的事情. 对于 3 次代数方程 $x^3 + px + q = 0$ 来说, 假设它的三个根为 x_1, x_2, x_3. 如果我们不着急直接求出这三个根, 而是 "曲线救国". 令

$$\omega = \frac{-1 + \sqrt{3}\,\mathrm{i}}{2},$$
$$y_1 = (x_1 + \omega x_2 + \omega^2 x_3)^3,$$
$$y_2 = (x_1 + \omega^2 x_2 + \omega x_3)^3,$$

利用根与系数关系, 如果你足够耐心的话, 你会发现, y_1, y_2 就是关于 y 的方程

$$y^2 + 27qy - 27p^3 = 0$$

的两个根, 也就是说你可以先通过解一个 2 次方程求出 y_1 和 y_2, 利用

$$x_1 + x_2 + x_3 = 0 \quad \text{和} \quad 1 + \omega + \omega^2 = 0$$

可得方程的根:

$$x_1 = \frac{\sqrt[3]{y_1} + \sqrt[3]{y_2}}{3}, \quad x_2 = \frac{\omega^2 \sqrt[3]{y_1} + \omega \sqrt[3]{y_2}}{3}, \quad x_3 = \frac{\omega \sqrt[3]{y_1} + \omega^2 \sqrt[3]{y_2}}{3}.$$

更有意思的是, 他发现 4 次方程居然也可以这么做. 具体来说, 对于 4 次方程

$$x^4 + ax^3 + bx^2 + cx + d = 0$$

来说, 可以将 x 替换成 $x - \dfrac{a}{4}$, 消掉 x^3 项, 让方程变为

$$x^4 + qx^2 + rx + s = 0$$

的形式. 假设它在 $\mathbb{C}$ 中的四个根为 x_1, x_2, x_3, x_4, 由根与系数关系,

$$y_1 = (x_1 + x_2)(x_3 + x_4),$$
$$y_2 = (x_1 + x_3)(x_2 + x_4),$$
$$y_3 = (x_1 + x_4)(x_2 + x_3)$$

是关于 y 的三次方程

$$y^3 - 2qy^2 + (q^2 - 4s)y + r^2 = 0$$

的根. 先解这个三次方程, 求出 y_1, y_2, y_3, 再利用上面的三个等式去求出 x_1, x_2, x_3, x_4. 具体来讲, 由于 $x_1 + x_2 + x_3 + x_4 = 0$, 我们发现 $x_1 + x_2$ 和 $x_3 + x_4$ 是二次方程 $t^2 + y_1 = 0$ 的两个根, 因此

$$x_1 + x_2 = \sqrt{-y_1}, \quad x_3 + x_4 = -\sqrt{-y_1}.$$

这里 $\sqrt{-y_1}$ 仅代表 $-y_1$ 的一个平方根, 并不特指某平方根. 同理, 我们有

$$x_1 + x_3 = \sqrt{-y_2}, \quad x_2 + x_4 = -\sqrt{-y_2},$$
$$x_1 + x_4 = \sqrt{-y_3}, \quad x_2 + x_3 = -\sqrt{-y_3}.$$

需要注意的是, 这里 $\sqrt{-y_i}$ 的取值需满足

$$\sqrt{-y_1} \cdot \sqrt{-y_2} \cdot \sqrt{-y_3}$$
$$= (x_1 + x_2)(x_1 + x_3)(x_1 + x_4)$$
$$= x_1^2(x_1 + x_2 + x_3 + x_4) + (x_1x_2x_3 + x_1x_2x_4 + x_1x_3x_4 + x_2x_3x_4)$$
$$= -r.$$

根据 $\sqrt{-y_1}, \sqrt{-y_2}, \sqrt{-y_3}$ 的取值可得方程的解:

$$x_1 = \frac{\sqrt{-y_1} + \sqrt{-y_2} + \sqrt{-y_3}}{2}, \quad x_2 = \frac{\sqrt{-y_1} - \sqrt{-y_2} - \sqrt{-y_3}}{2},$$

$$x_3 = \frac{\sqrt{-y_2} - \sqrt{-y_1} - \sqrt{-y_3}}{2}, \quad x_4 = \frac{\sqrt{-y_3} - \sqrt{-y_1} - \sqrt{-y_2}}{2}.$$

这里的主要想法是: 对于 n 次代数方程, 能不能找到中间变量 $y_1, y_2, \cdots$, 它们由原方程的根得到, 使得 (1) 它们是次数更低的方程的根; (2) 通过 $y_1, y_2, \cdots$ 可以求出原方程的根.

可惜的是, 对一般的 5 次方程, 拉格朗日怎么也找不到合适的中间变量. 由此, 拉格朗日怀疑这个方法对 5 次以上的方程并不总是可行的.

拉格朗日的怀疑在 1824 年得到了证实, 年轻的阿贝尔 (Abel, 1802—1829) 证明了一般的 $n \geqslant 5$ 次代数方程没有问题 1.2 所要求的求根公式. 阿贝尔的论文发表在《纯粹与应用数学杂志》(也常被称作 "克雷尔杂志") 的第一期上[1]. 在这之前鲁菲尼 (Ruffini, 1767—1822) 在 1799 年也宣称证明了这个结论, 但他的证明有严重的漏洞. 最终这个定理被称为阿贝尔–鲁菲尼定理.

虽然一般的 5 次以上代数方程没有统一的根式解, 但某些具体的高次方程的根还是可以根式解的, 比如 $x^5 = 2$. 怎样刻画那些可以根式解的代数方程呢?

也是在那个年月里, 更年轻的伽罗瓦 (Galois, 1811—1832), 受拉格朗日想法的启发, 创造性地引入群 (group) 的概念. 从多项式 $f(x)$ 出发, 定义与之相关的一个有限群 $\mathrm{Gal}(f)$, 称为 $f(x)$ 的伽罗瓦群, 并最终证明 $f(x) = 0$ 可以根式解当且仅当 $\mathrm{Gal}(f)$ 是可解群. 上面我们讲到的多项式

$$x^5 - x + 1$$

的伽罗瓦群是 S_5, 不是可解群, 因此方程 $x^5 - x + 1 = 0$ 不能根式解. 这个结论神奇的地方在于, 如果只看方程, 完全想不出怎样说明其是否可以根式解, 对于一个具体的群, 要说明其是否为可解群则容易很多.

我们可能会好奇一个多项式的伽罗瓦群是什么样子. 给定有理系数多项式 $f(x)$, 假设它在 $\mathbb{C}$ 中的根为 $\xi_1, \cdots, \xi_r$, 令 $E = \mathbb{Q}(\xi_1, \cdots, \xi_r)$ 为 $\mathbb{C}$ 中包含 $\xi_1, \cdots, \xi_r$ 的最小子域. 多项式 $f(x)$ 的伽罗瓦群定义为

$$\mathrm{Gal}(f) := \mathrm{Aut}_{\mathbb{Q}} E,$$

其中元素为域 E 的所有满足 $\sigma|_{\mathbb{Q}} = \mathrm{id}$ 的自同构 σ.

让我们一起走进伽罗瓦理论的世界吧, 来看看它是如何美妙地解决代数方程根式解的问题, 又有哪些神奇的应用.

第2章 域的扩张

为了理论的适用范围更加广泛, 我们希望考虑任意域上的代数方程求解问题, 而不仅仅是有理系数多项式对应的代数方程. 假设 K 是域, 考虑 $K[x]$ 中非常数多项式 $f(x)$ 所对应的代数方程 $f(x) = 0$. 这时候出现的第一个麻烦是: 有可能 K 中所有元素都不是 $f(x)$ 的根. 这时候怎么办? 答案是, 我们可以找到一个更大的域 L, 使得 $f(x)$ 在 L 中有根, 由此拉开域扩张的序幕. 这一章, 我们简要回顾域扩张的基本知识.

2.1 有限扩张和代数扩张

首先我们来回顾扩域和子域的概念.

定义 2.1 假设域 K 是域 E 的子域, 即 K 为 E 的非空子集且在 E 的加法和乘法下构成域. 此时称 E 是 K 的**扩域** (extension field), 称 E/K 为一个**域扩张** (field extension). 如果 L 既是 K 的扩域又是 E 的子域, 则称 L 为域扩张 E/K 的**中间域** (intermediate field).

假设 L/K 为域扩张, 对任意非空子集 $X \subseteq L$,

$$\left\{ \frac{f(a_1, \cdots, a_n)}{g(a_1, \cdots, a_n)} \;\middle|\; \begin{array}{l} n \geqslant 1, f, g \in K[x_1, \cdots, x_n], \\ a_1, \cdots, a_n \in X, g(a_1, \cdots, a_n) \neq 0 \end{array} \right\}$$

是 L/K 的中间域, 记为 $K(X)$. 实际上 L 的任意包含 K 和 X 的子域都包含 $K(X)$, 因此 $K(X)$ 是 L 中包含 K 和 X 的最小子域. 如果 $X = \{\alpha_1, \cdots, \alpha_n\}$ 是一个有限集, 我们把 $K(X)$ 记为 $K(\alpha_1, \cdots, \alpha_n)$. 形如 $K(\alpha)$ 的扩域称为 K 的**单扩张** (simple extension).

下面的引理保证了解代数方程在所有域上都是可以进行的.

引理 2.2   设 K 是一个域, 若 $p(x) \in K[x]$ 不可约, 则存在 K 的扩域 L, 使得 $p(x)$ 在 L 中有根.

证明   令 $L = K[x]/(p(x))$, 其中 $(p(x))$ 是由 $p(x)$ 生成的主理想. 由 $p(x)$ 不可约可知 $(p(x))$ 是 $K[x]$ 的极大理想, 从而 L 是域, 且 K 可以看成 L 的子域. 在 L 中取 $\bar{x} = x + (p(x))$, 则有 $p(\bar{x}) = 0$.   □

推论 2.3   假设 K 是一个域, $f(x)$ 为 $K[x]$ 中非常数多项式. 那么存在 K 的扩域 L 使得 $f(x)$ 在 L 中有根.

证明   取 $f(x)$ 的一个不可约因式 $p(x)$, 然后利用引理 2.2.   □

对于域扩张 L/K, 域 L 可以看成 K 向量空间, 其维数记为

$$[L : K] := \dim_K L$$

称为 L/K 的 **扩张次数** (degree). 若 $[L : K] < \infty$, 则称 L/K 为 **有限扩张** (finite extension).

有限扩张的传递性   如果 E/L 和 L/K 都是有限扩张, 容易证明 E/K 也是有限扩张且

$$[E : K] = [E : L] \cdot [L : K].$$

实际上, 如果 $\alpha_1, \cdots, \alpha_m$ 是 L 作为 K 向量空间的一组基, 而 $\beta_1, \cdots, \beta_n$ 是 E 作为 L 向量空间的一组基, 则 $\alpha_i \beta_j, i = 1, \cdots, m, j = 1, \cdots, n$ 就是 E 作为 K 向量空间的一组基.

对于单扩张, 有以下定理成立.

定理 2.4   设 K 是一个域, $L = K(\alpha)$ 为 K 的单扩张. 考虑环同态

$$\pi : K[x] \longrightarrow L, \ f(x) \mapsto f(\alpha).$$

(1) 若 $\mathrm{Ker}\,\pi = \{0\}$, 即不存在非零多项式 $f(x) \in K[x]$ 使得 $f(\alpha) = 0$, 则称 α 是 K 上的 **超越元** (transcendental element), 此时

$$L = K(\alpha) \cong K(x).$$

(2) 若 $\mathrm{Ker}\,\pi \neq \{0\}$, 即存在 $K[x]$ 中非零多项式 $f(x)$ 使得 $f(\alpha) = 0$, 则称 α 是 K 上的 **代数元** (algebraic element). 此时存在 $K[x]$ 中不可约多项式 $p(x)$ 使得 $\mathrm{Ker}\,\pi = (p(x))$ 且

$$L = K(\alpha) = K[\alpha] \cong K[x]/(p(x)).$$

$p(x)$ 称为 α 在 K 上的 **极小多项式** (minimal polynomial).

证明　很显然 $\operatorname{Im}\pi = K[\alpha]$. 如果 $\operatorname{Ker}\pi = \{0\}$, 那么 $\pi : K[x] \longrightarrow K[\alpha]$ 是环的同构, 并诱导其商域的同构, 即 $K(x) \cong K(\alpha)$.

如果 $\operatorname{Ker}\pi \neq \{0\}$, 由于 $K[x]$ 是主理想整环, 因此, 存在正次数多项式 $p(x)$ 使得 $\operatorname{Ker}\pi = (p(x))$. 另一方面, 由环同态基本定理, $K[x]/\operatorname{Ker}\pi \cong K[\alpha]$ 是整环, 因此 $\operatorname{Ker}\pi = (p(x))$ 为 $K[x]$ 的素理想, 从而 $p(x)$ 是 $K[x]$ 中素元, 即不可约多项式. 如此一来, $(p(x))$ 亦为 $K[x]$ 中极大主理想. 再次因为 $K[x]$ 为主理想整环的缘故, 有 $(p(x))$ 是 $K[x]$ 的极大理想. 从而 $K[x]/(p(x))$ 是域. 所以 $K[\alpha]$ 也是域. 由于 $K[\alpha] \subseteq K(\alpha)$ 且 $K(\alpha)$ 是包含 K 和 α 的最小域, 因此 $K(\alpha) = K[\alpha]$. 　　　　$\square$

在代数元对应的单扩张 $k(\alpha)$ 中, 假设 α 在 k 上的极小多项式为 $p(x)$. 由上面的证明可知 $[k(\alpha) : K] = \deg p(x)$. 在域扩张 L/K 中, 如果 L 中的元素都是 K 上的代数元, 则称 L/K 为**代数扩张** (algebraic extension). 关于有限扩张和代数扩张有下面这个定理.

定理 2.5　假设 L/K 为域扩张, 则下面两条成立.

(1) L/K 为有限扩张, 当且仅当存在有限个 K 上的代数元 $\alpha_1, \cdots, \alpha_m \in L$ 使得 $L = K(\alpha_1, \cdots, \alpha_m)$;

(2) 如果 E/L 和 L/K 都是代数扩张, 那么 E/K 也是代数扩张.

证明　(1) 如果 L/K 为有限扩张, 令 $\alpha_1, \cdots, \alpha_m$ 为 L 作为 K 向量空间的一组基, 它们显然是 K 上的代数元且 $L = K(\alpha_1, \cdots, \alpha_m)$. 反过来, 如果 $L = K(\alpha_1, \cdots, \alpha_m)$ 且 $\alpha_1, \cdots, \alpha_m$ 都是 K 上的代数元, 那么每个 α_i 都是 $K(\alpha_1, \cdots, \alpha_{i-1})$ 上的代数元. 由于 $K(\alpha_1, \cdots, \alpha_i) = K(\alpha_1, \cdots, \alpha_{i-1})(\alpha_i)$, 因此对任意 $i = 1, \cdots, m$, 有

$$[K(\alpha_1, \cdots, \alpha_i) : K(\alpha_1, \cdots, \alpha_{i-1})] < \infty,$$

从而 $[L : K] < \infty$.

(2) 对任意 $\alpha \in E$, 由于 α 是 L 上的代数元, 存在首一多项式

$$f(x) = x^n + a_{n-1}x^{n-1} + \cdots + a_1 x + a_0 \in L[x]$$

使得 $f(\alpha) = 0$, 从而 α 实际上是

$$K(a_0, \cdots, a_{n-1})$$

上的代数元, 所以

$$[K(a_0, \cdots, a_{n-1}, \alpha) : K(a_0, \cdots, a_{n-1})] < \infty.$$

由于 $a_0, \cdots, a_{n-1} \in L$ 都是 K 上的代数元, 由 (1) 得

$$[K(a_0, \cdots, a_{n-1}) : K] < \infty,$$

由有限扩张的传递性得

$$[K(a_0, \cdots, a_{n-1}, \alpha) : K] < \infty,$$

从而 α 是 K 上的代数元. □

2.2 代数闭包的存在性

这里有个有趣的问题是, 对于任意域 K, 如果 $K[x]$ 中有超过 1 次的不可约多项式, 就可以找到一个 K 的代数扩张比 K 真的大. 如此一直扩张下去会不会得到一个域 E, 使得 $E[x]$ 中的不可约多项式都是一次的呢? 就像 $\mathbb{C}$ 一样. 如果此事成立, 解代数方程的游戏就真的可以在任意域上玩了!

答案是肯定的!

这里寻找的 E 实际上有几个等价刻画.

命题 2.6 对于代数扩张 E/K, 下面几条等价:

(1) 所有 $K[x]$ 中的正次数多项式在 $E[x]$ 中都能分解为一次因式的乘积.

(2) 如果 L/E 是代数扩张, 那么 $L = E$.

(3) 所有 $E[x]$ 中的正次数多项式在 $E[x]$ 中都能分解为一次因式的乘积.

(4) 所有 $E[x]$ 中的正次数多项式在 E 中至少有一个根.

证明 很容易证明 (3) $\Leftrightarrow$ (4), 这跟代数学基本定理时的情况是一样的. 另外 (3) $\Rightarrow$ (1) 是显然的. 我们只需要证明 (1) $\Rightarrow$ (2) $\Rightarrow$ (4) 就能完成命题的证明.

(1) $\Rightarrow$ (2) 假设 L/E 是代数扩张, 由于 E/K 是代数扩张, 从而 L/K 也是代数扩张. 任给 $\alpha \in L$, 存在正次数 $f(x) \in K[x]$ 使得 $f(\alpha) = 0$, 由 (1), $f(x)$ 在 $E[x]$ 中可以分解为一次因式的乘积. 这表示 $x - \alpha$ 是 $f(x)$ 在 $E[x]$ 中的一个因子, 因此 $\alpha \in E$. 所以 $L \subseteq E \subseteq L$, 即 $L = E$.

(2) $\Rightarrow$ (4) 给定任意正次数 $f(x) \in E[x]$, 令 $p(x)$ 为 $f(x)$ 的首一不可约因式. 存在 E 上的单扩张 L, 使得 $[L : E] = \deg p(x)$. 由于此时 L/E 是有限扩张, 从而为代数扩张, 由 (2) 得 $L = E$. 所以 $\deg p(x) = [L : E] = 1$, 即 $p(x)$ 是 $E[x]$ 中一次因式, 形如 $x - \alpha, \alpha \in E$. 从而 α 是 $f(x)$ 在 E 中的根, (4) 得证. □

请注意第二个等价条件: 如果 L/E 是代数扩张, 那么 $L = E$. 这告诉我们 E 就像一个小宇宙, 它没有非平凡的代数扩张. 我们把满足这个条件的域称为**代数闭域** (algebraically closed field). 如果一个代数闭域 E 是域 K 的代数扩张, 那么称 E 为域 K 的一个**代数闭包** (algebraic closure).

任意域都有代数闭包么? 是的, 任意域都有代数闭包.

这里需要一点点集合论的知识. 我们知道整数集的 "基数" 是 $\aleph_0 := |\mathbb{Z}|$. 这个基数有些非常有趣的特点, 比如 $|\mathbb{Z} \times \mathbb{Z}| = \aleph_0 \aleph_0 = \aleph_0$. 实际上, 对于任意无穷集合 X, 都有 $\aleph_0 |X| = |X|$. 另外, 对无限集合 X 和 Y, 有 $|X \times Y| = \max\{|X|, |Y|\}$.

集合论知识准备完毕.

上面的条件 (3) 告诉我们, 要寻找域 K 的代数闭包, 就需要寻找 K 的尽量大的代数扩张. 实际上域 K 上的代数扩张 "再大也是有限度的", 也就是下面的引理.

引理 2.7　假设 L/K 是代数扩张, 则 $|L| \leqslant \aleph_0 |K|$.

证明　令
$$T_n = \{K[x]\text{中}\,n\,\text{次首一多项式}\}.$$
对 $f(x) \in T_n$, 将其在 L 中的所有根排序: $\alpha_1, \alpha_2, \cdots, \alpha_t$. 定义 $T = \bigcup_{n>0} T_n$. 注意到 n 次首一多项式由其 n 个系数决定, 因此
$$|T_n| = |\underbrace{K \times K \times \cdots \times K}_{n\text{个}}| \leqslant \aleph_0 |K|.$$
所以
$$|T| = \sum_{n>0} |T_n|$$
$$\leqslant \aleph_0 \aleph_0 |K|$$
$$= \aleph_0 |K|.$$
定义映射
$$\sigma : L \to T \times \mathbb{N}$$
$$\alpha \mapsto (f(x), s),$$
这里 $f(x)$ 是 α 在 K 上的首一极小多项式, 而 α 是 $f(x)$ 在 L 中的第 s 个根. 由于 $f(x)$ 在 L 中的第 s 个根是确定的, 因此不可能有两个不同的 L 中的元素都映到 $(f(x), s)$, 所以 σ 是单射, 从而
$$|L| \leqslant |T \times \mathbb{N}|$$
$$= |T| \cdot \aleph_0$$
$$\leqslant \aleph_0 \aleph_0 |K|$$
$$= \aleph_0 |K|. \qquad \square$$

如此一来, 我们可以找一个包含 K 的集合 S 满足
$$|S| > \aleph_0 |K|,$$

然后在 S 的内部找一个极大的 K 的代数扩张, 并证明它就是 K 的一个代数闭包.

定理 2.8   任意域 K 都存在代数闭包.

证明   如上所述, 令 S 为包含 K 的集合且 $|S| > \aleph_0|K|$. 考虑集合

$$\mathfrak{X} := \{域 L | L \subseteq S, L 为 K 的代数扩域\},$$

即作为集合包含于 S 的所有域, 需要注意的是, 如果 $\mathfrak{X}$ 中两个域作为集合相等, 但运算不一样, 那么它们在 $\mathfrak{X}$ 中是不同的元素.

由于 $K \in \mathfrak{X}$, 所以 $\mathfrak{X}$ 不空. 在 $\mathfrak{X}$ 中, 如果 L_1 是 L_2 的子域, 则定义 $L_1 \leqslant L_2$. 这使得 $(\mathfrak{X}, \leqslant)$ 构成偏序集, 且容易验证它满足佐恩引理 (Zorn's lemma) 的条件 (所有全序子集都有上界), 实际上对任意 $\mathfrak{X}$ 的全序子集 $\mathfrak{Y}$, 只需要取 $L = \bigcup_{Y \in \mathfrak{Y}} Y$, 则 L 依然还是域, 属于 $\mathfrak{X}$ 且为 $\mathfrak{Y}$ 的上界. 由佐恩引理, $(\mathfrak{X}, \leqslant)$ 存在极大元, 设为 E, 它是包含在 S 中的极大的 K 的代数扩域.

现在来证明 E 是代数闭域. 如果 E 存在代数扩张 L/E 且 $E \neq L$, 由于 E/K 是代数扩张, 因此 L/K 也是代数扩张. 由引理 2.7, $|L| \leqslant \aleph_0|K|$, $|E| \leqslant \aleph_0|K|$. 我们用 $A\backslash B$ 表示集合 A 与 B 的差集, 而 $A\backslash B = \{a \in A | a \notin B\}$. 由于 $|S| > \aleph_0|K|$, 由集合的基数的性质, 可以发现 $|L\backslash E| \leqslant \aleph_0|K| < |S\backslash E|$. 所以存在单射 $\eta : L\backslash E \longrightarrow S\backslash E$. 这样一来, 通过 η 将 $L\backslash E$ 与 $\eta(L\backslash E)$ 等同起来, 这样 $L_1 := E \cup \eta(L\backslash E)$ 将成为与 L 同构的 E 的代数扩域, 从而也是 K 代数扩张, 且包含于 S, 但 $E \subsetneqq L_1$, 与 E 的极大性矛盾. $\square$

代数闭包的唯一性我们留到下一节.

2.3   分裂域及其唯一性

对于域 K 上的非常数多项式 $f(x)$, 要考虑代数方程 $f(x) = 0$, 我们真正关心的实际上是满足下面两个条件的域 L:

(1) $f(x)$ 在 $L[x]$ 中可以分解为一次因式的乘积

$$f(x) = a(x - \alpha_1) \cdots (x - \alpha_n);$$

(2) $L = K(\alpha_1, \cdots, \alpha_n)$.

L 实际上是使得 $f(x)$ 可以分解为一次因式乘积的极小域, 它既包含 $f(x)$ 根的信息又没有多余的信息. 这样的域 L 称为 $f(x)$ 在 K 上的一个**分裂域** (splitting field).

代数闭包的存在性可以推出分裂域的存在性. 实际上, 假设 E 是 K 的代数闭包, 那么 $f(x)$ 在 $E[x]$ 中可以分解为一次因式的乘积

$$f(x) = a(x - \alpha_1) \cdots (x - \alpha_n).$$

令 $L = K(\alpha_1, \cdots, \alpha_n)$, 则 L 是 $f(x)$ 在 K 上的分裂域.

定理 2.9　　假设 $f(x)$ 为域 K 上的 $n > 0$ 次多项式, L 是 $f(x)$ 在 K 上的分裂域, 则 $[L : K] \leqslant n!$.

证明　　对 n 用数学归纳法. 如果 $n = 1$, 则 $L = K$, 结论成立.

现假设 $n > 1$. 如果 $f(x)$ 在 L 中的所有根都属于 K, 则 $L = K$, 结论显然成立. 现假设存在 $\alpha \in L \backslash K$ 是 $f(x)$ 在 L 中的根, 那么其极小多项式为 $f(x)$ 的不可约因式. 因此 $[K(\alpha) : K] \leqslant \deg f(x) = n$. 此时, 易见 L 为 $g(x) = f(x)/(x - \alpha)$ 在 $K(\alpha)$ 上的分裂域. 由归纳假设 $[L : K(\alpha)] \leqslant (n-1)!$, 从而

$$[L : K] = [L : K(\alpha)] \cdot [K(\alpha) : K] \leqslant (n-1)! \cdot n = n!. \qquad \square$$

上面的证明中可以发现, 对 K 和 L 的任何中间域 M, $f(x)$ 也是 $M[x]$ 中多项式, 按照定义 L 也是 $f(x)$ 在 M 上的分裂域.

当我们放弃有理数的特殊情况来挑战一般域的情况时, 我们不得不面临一个问题: 分裂域 L 的选择不是唯一的. 随之而来的是, 解代数方程的游戏 "难度" 会不会与分裂域的选取有关? 现在我们就来解决这个后顾之忧.

这里我们需要一个技术性的引理.

引理 2.10　　假设 $\sigma : K_1 \longrightarrow K_2$ 是域同构, 对任意 $f(x) \in K_1[x]$, 用 $\sigma f(x) \in K_2[x]$ 表示将 $f(x)$ 的所有系数用 σ 作用后得到的多项式. 如果 $K_1(\alpha)$ 和 $K_2(\beta)$ 分别是 K_1 和 K_2 的单扩张, 使得它们的极小多项式分别是 $p(x)$ 和 $\sigma p(x)$, 那么存在域同构 $\theta : K_1(\alpha) \longrightarrow K_2(\beta)$ 使得 $\theta|_{K_1} = \sigma, \theta(\alpha) = \beta$.

证明　　令 θ 是下面几个域同构的复合.

$$K_1(\alpha) \longrightarrow K_1[x]/(p(x)) \overset{\sigma}{\longrightarrow} K_2[x]/(\sigma p(x)) \longrightarrow K_2(\beta).$$

进行验证即可.　　　　　　　　　　　　　　　　　　　　　　　　　　　　$\square$

上面引理中 $\theta|_{K_1} = \sigma$ 也可以用下面的交换图来描述.

$$
\begin{array}{ccc}
K_1 & \longrightarrow & K_1(\alpha) \\
\downarrow{\scriptstyle\sigma} & & \downarrow{\scriptstyle\theta} \\
K_2 & \longrightarrow & K_2(\beta)
\end{array}
$$

其中水平方向是域之间的嵌入映射.

定理 2.11　　假设 $\sigma : K_1 \longrightarrow K_2$ 是域同构, E_1 是 $K_1[x]$ 中多项式 $f(x)$ 在 K_1 上的一个分裂域, 而 E_2 是 $\sigma f(x)$ 在 K_2 上的一个分裂域, 那么存在域同

构 $\phi: E_1 \longrightarrow E_2$ 使得 $\phi|_{K_1} = \sigma$, 用交换图表示

$$
\begin{array}{ccc}
K_1 & \longrightarrow & E_1 \\
\downarrow{\scriptstyle\sigma} & & \downarrow{\scriptstyle\phi} \\
K_2 & \longrightarrow & E_2
\end{array}
$$

证明   对 $[E_1 : K_1]$ 利用数学归纳法. 如果 $[E_1 : K_1] = 1$, 即 $E_1 = K_1$, 此时 $f(x)$ 在 $K_1[x]$ 中可以写成一次因式的乘积 $f(x) = a(x - k_1) \cdots (x - k_n)$. 此时 $\sigma f(x) = \sigma(a)(x - \sigma(k_1)) \cdots (x - \sigma(k_n))$ 在 $K_2[x]$ 中可以分解成一次因式的乘积, 因此 $\sigma f(x)$ 在 K_2 上的分裂域只能是 K_2. 所以 $E_2 = K_2$. 这种情形下只需要取 $\phi = \sigma$ 即可.

现在假设 $[E_1 : K_1] > 1$. 此时 $f(x)$ 在 E_1 的根不可能全都在 K_1 中. 令 $\alpha \in E_1 \backslash K_1$ 是 $f(x)$ 的根. 假设 $p(x) \in K_1[x]$ 为 α 的极小多项式, 则 $p(x) \mid f(x)$, 从而 $\sigma p(x) \mid \sigma f(x)$. 作为 $\sigma f(x)$ 的因式, $\sigma p(x)$ 在 E_2 中也能分解成一次因式的乘积, 特别地存在根 β. 由于 $\sigma p(x)$ 跟 $p(x)$ 一样不可约, 因此它是 β 的极小多项式. 现在 α 和 β 的极小多项式分别是 $p(x)$ 和 $\sigma p(x)$, 由引理 2.10, 存在域同构 $\theta: K_1(\alpha) \longrightarrow K_2(\beta)$ 和交换图

$$
\begin{array}{ccc}
K_1 & \longrightarrow & K_1(\alpha) \\
\downarrow{\scriptstyle\sigma} & & \downarrow{\scriptstyle\theta} \\
K_2 & \longrightarrow & K_2(\beta)
\end{array}
$$

现在有

- 域同构 $\theta: K_1(\alpha) \longrightarrow K_2(\beta)$;
- $\theta f(x) = \sigma f(x)$;
- E_1 是 $f(x)$ 在 $K_1(\alpha)$ 上的分裂域;
- E_2 是 $\theta f(x)$ 在 $K_2(\beta)$ 上的分裂域;
- $[E_1 : K_1(\alpha)] < [E_1 : K_1]$.

由归纳假设, 存在域同构 $\phi: E_1 \longrightarrow E_2$ 使得下图交换:

$$
\begin{array}{ccc}
K_1(\alpha) & \longrightarrow & E_1 \\
\downarrow{\scriptstyle\theta} & & \downarrow{\scriptstyle\phi} \\
K_2(\beta) & \longrightarrow & E_2
\end{array}
$$

把两个交换图合并一处, 即

$$
\begin{array}{ccccc}
K_1 & \longrightarrow & K_1(\alpha) & \longrightarrow & E_1 \\
\downarrow{\scriptstyle\sigma} & & \downarrow{\scriptstyle\theta} & & \downarrow{\scriptstyle\phi} \\
K_2 & \longrightarrow & K_2(\beta) & \longrightarrow & E_2
\end{array}
$$

定理得证. □

在上面的定理中, 取 $K_1 = K_2$ 和 $\sigma = \mathrm{id}$, 可得分裂域的唯一性.

推论 2.12 假设 E_1 和 E_2 是 $K[x]$ 中多项式 $f(x)$ 在 K 上的分裂域, 则存在域同构 $\phi : E_1 \longrightarrow E_2$ 使得 $\phi|_K = \mathrm{id}$.

由第 1 章的介绍我们知道, 假设 $f(x) \in K[x]$, 而 E 是 $f(x)$ 在 K 上的分裂域, 伽罗瓦理论的主要想法是把代数方程 $f(x) = 0$ 的问题转化为**伽罗瓦群** (Galois group)

$$
\mathrm{Aut}_K E := \{\sigma \in \mathrm{Aut}\, E \mid \sigma|_K = \mathrm{id}\}
$$

的问题. 而分裂域在严格意义下并不是唯一的, 但有上面的推论, 对 $f(x)$ 在 K 上的两个分裂域 E_1, E_2 来说它们对应的伽罗瓦群是同构的:

$$
\mathrm{Aut}_K E_1 \cong \mathrm{Aut}_K E_2.
$$

实际上, 假设 $\phi : E_1 \longrightarrow E_2$ 为域同构且 $\phi|_K = \mathrm{id}$, 那么 $\sigma \mapsto \phi\sigma\phi^{-1}$ 就给出 $\mathrm{Aut}_K E_1$ 到 $\mathrm{Aut}_K E_2$ 的群同构.

代数闭包的存在性使得找多项式的分裂域在理论上变得非常方便, 甚至我们可以考虑多项式组成的集合的分裂域. 假设 K 是一个域, 而 $S \subseteq K[x]$ 是多项式的集合. K 的扩域 F/K 称为 S 在 K 上的**分裂域**, 如果 S 中的多项式在 $F[x]$ 都能分解为一次因式的乘积, 且

$$
F = K(S\text{中多项式在}F\text{中所有根}).
$$

这样的分裂域很容易找到, 假设 E 是 K 的一个代数闭包, 则 S 中的多项式在 $E[x]$ 中都能分解成一次因式的乘积, 这样很容易验证 $F = K(S\text{中多项式在}E\text{中所有根})$ 是 S 在 K 上的分裂域.

特别地, K 上的代数闭包 E 本身就是这样的分裂域.

引理 2.13 假设 E/K 是代数扩张, 而 S 为 $K[x]$ 中所有正次数多项式构成的集合, 则 E 是 S 在 K 上的分裂域当且仅当 E 是 K 的代数闭包.

证明 必要性由代数闭包的等价定义命题 2.6 可得.

下证充分性. 注意到 $K[x]$ 中正次数多项式在 $E[x]$ 中都可以分解成一次因式的乘积, 而 E 中任意元素在 K 上是代数元, 从而是 $K[x]$ 中某个多项式在 E 中

的根. 因此 S 中多项式在 E 中所有根组成的集合恰为 E, 因此 $E = K(E)$ 是 S 在 K 上的分裂域. $\square$

由于代数闭包是一种特殊的分裂域, 因此要说明代数闭包的唯一性, 只需要考虑多项式集合的分裂域的唯一性就行了.

这个证明需要利用定理 2.11 和佐恩引理.

定理 2.14   假设 $\sigma : K_1 \longrightarrow K_2$ 是域同构, E_1 是 $K_1[x]$ 中多项式集合 S 在 K_1 上的一个分裂域, 而 E_2 是 σS 在 K_2 上的一个分裂域, 那么存在域同构 $\phi : E_1 \longrightarrow E_2$ 使得 $\phi|_{K_1} = \sigma$, 用交换图表示

$$
\begin{array}{ccc}
K_1 & \longrightarrow & E_1 \\
\downarrow{\scriptstyle\sigma} & & \downarrow{\scriptstyle\phi} \\
K_2 & \longrightarrow & E_2
\end{array}
$$

证明   令 $\mathfrak{X}$ 为如下域同构组成集合:

$$\{\text{域同构}\,\phi : L_1 \longrightarrow L_2 \mid L_i \text{为} E_i/K_i \text{的中间域}, i = 1, 2, \text{且}\, \phi|_{K_1} = \sigma\},$$

即有交换图

$$
\begin{array}{ccc}
K_1 & \longrightarrow & L_1 \\
\downarrow{\scriptstyle\sigma} & & \downarrow{\scriptstyle\phi} \\
K_2 & \longrightarrow & L_2
\end{array}
$$

在 $\mathfrak{X}$ 上定义

$$
\begin{array}{ccc}
L_1 & & U_1 \\
\downarrow{\scriptstyle\phi} & \leqslant & \downarrow{\scriptstyle\psi} \\
L_2 & & U_2
\end{array}
$$

如果 L_1, L_2 分别是 U_1, U_2 的子域且有交换图

$$
\begin{array}{ccc}
L_1 & \longrightarrow & U_1 \\
\downarrow{\scriptstyle\phi} & & \downarrow{\scriptstyle\psi} \\
L_2 & \longrightarrow & U_2
\end{array}
$$

容易验证 $(\mathfrak{X}, \leqslant)$ 满足佐恩引理的条件. 因此, $\mathfrak{X}$ 存在极大元, 不妨设 $\phi : L_1 \longrightarrow L_2$ 为 $\mathfrak{X}$ 中的极大元. 若 $L_1 \neq E_1$, 存在 $f(x) \in S$ 以及 $f(x)$ 在 E_1 中的根 α, 满足 $\alpha \notin L_1$. 注意到 $\sigma f(x) \in \sigma S$. 将 $f(x)$ 和 $\sigma f(x)$ 分别看作 L_1 和 L_2 上多项式, 它们分别有一个包含于 E_1 和 E_2 的分裂域, 记为 U_1, U_2.

由定理 2.11, ϕ 可以拓展为 U_1 和 U_2 之间的同构, 即存在交换图

$$
\begin{array}{ccc}
L_1 & \longhookrightarrow & U_1 \\
\downarrow{\scriptstyle\phi} & & \downarrow{\scriptstyle\psi} \\
L_2 & \longhookrightarrow & U_2
\end{array}
$$

由于 $L_1 \neq U_1$, 所以 $\phi \leqslant \psi, \phi \neq \psi$. 这与 ϕ 的极大性矛盾. 因此 $L_1 = E_1$. 同理有 $L_2 = E_2$. □

由此我们得到代数闭包的唯一性.

推论 2.15 假设 E_1 和 E_2 都是域 K 的代数闭包, 那么存在域同构 $\sigma: E_1 \longrightarrow E_2$ 使得 $\sigma|_K = \mathrm{id}$.

本章的最后, 我们来看两个分裂域和相应的伽罗瓦群的例子. 虽然我们对分裂域已经有一定的认识, 但对于伽罗瓦群, 我们还所知甚少.

一般地, 对于任意域扩张 L/K 来说, $\mathrm{Aut}_K L$ 称为这个域扩张的伽罗瓦群, 它由所有满足 $\sigma|_K = \mathrm{id}$ 的 L 的域自同构 σ 组成. 如果 L 为 $K[x]$ 中某个多项式 $f(x)$ 的分裂域, 那么 $\mathrm{Aut}_K L$ 也称为 $f(x)$ 的伽罗瓦群, 记为 $\mathrm{Gal}(f)$. 从前面的讨论我们知道, 在同构意义下, 多项式的伽罗瓦群并不依赖分裂域的选取.

首先一个基本的事实是

引理 2.16 如果 L/K 是域扩张, 而 $f(x) \in K[x]$, 那么, 对于 $f(x)$ 在 L 中的根 u 以及 $\sigma \in \mathrm{Aut}_K L$, u 在 σ 下的像 $\sigma(u)$ 还是 $f(x)$ 在 L 中的根.

证明 假设 $f(x) = a_n x^n + \cdots + a_1 x + a_0$. 这里所有的系数 a_i 都属于 K.

现在 $u \in L$ 是 $f(x)$ 的根, 因此 $a_n u^n + \cdots + a_1 u + a_0 = 0$. 由于 $\sigma \in \mathrm{Aut}_K L$ 保持加法、乘法, 且固定 K 中元素, 因此

$$
\begin{aligned}
0 &= \sigma(a_n u^n + \cdots + a_1 u + a_0) \\
&= a_n \sigma(u)^n + \cdots + a_1 \sigma(u) + a_0.
\end{aligned}
$$

因此 $\sigma(u) \in L$ 也是 $f(x)$ 的根. □

上面这个引理决定了一个多项式的伽罗瓦群不会太大. 假设 E 为 $f(x) \in K[x]$ 的一个分裂域, 而

$$
X := \{\xi_1, \cdots, \xi_n\}
$$

为 $f(x)$ 在 E 中所有互不相同的根构成的集合. 由引理 2.16, $f(x)$ 的伽罗瓦群 $\mathrm{Aut}_K E$ 可以作用在集合 X 上, 从而得到群同态

$$
\phi : \mathrm{Aut}_K E \longrightarrow S(X), \quad \sigma \mapsto (\phi(\sigma) : x \mapsto \sigma(x)),
$$

这里 $S(X)$ 是 X 到自身的双射的全体构成的群. 假设 $\sigma \in \mathrm{Ker}\,\phi$, 即 $\phi(\sigma) = \mathrm{id}$, $\sigma(\xi_i) = \xi_i, i = 1, \cdots, n$. 由于本来已有 $\sigma(u) = u$ 对所有 $u \in K$ 成立, 且 $E = K(\xi_1, \cdots, \xi_n)$, 因此对任意 $w \in E$ 都有 $\sigma(w) = w$, 即 $\sigma = \mathrm{id}$ 为恒等映射. 这说明 $\mathrm{Ker}\,\phi = \{\mathrm{id}\}$, 因此 ϕ 是单射, $\mathrm{Gal}(f) = \mathrm{Aut}_K E$ 同构于其在 ϕ 下的像集 $\mathrm{Im}\,\phi$, 而 $\mathrm{Im}\,\phi$ 是 $S(X)$ 的一个子群. X 有 n 个元素, 所以 $S(X) \cong S_n$. 因此 $\mathrm{Gal}(f)$ 同构于 S_n 的一个子群. 这样, 我们得到下面的推论.

推论 2.17   假设 $f(x) \in K[x]$ 在其分裂域中有 n 个互不相同的根, 那么 $\mathrm{Gal}(f)$ 同构于 S_n 的一个子群.

可以看出一个多项式的伽罗瓦群总是一个有限群. 下面我们举两个例子.

例 2.18   考虑有理系数多项式

$$f(x) = x^2 - 2,$$

它的分裂域为 $E := \mathbb{Q}[\sqrt{2}]$. 简单计算可以发现

$$\sigma : E \longrightarrow E, \quad a + b\sqrt{2} \mapsto a - b\sqrt{2}$$

为 $\mathrm{Aut}_\mathbb{Q} E$ 中元素, 因此

$$\{\mathrm{id}, \sigma\} \subseteq \mathrm{Gal}(f).$$

$f(x)$ 在其分裂域中有两个根 $\pm\sqrt{2}$, 由推论 2.17, $\mathrm{Gal}(f)$ 同构于 S_2 的一个子群, 从而元素个数不超过 $2! = 2$. 这迫使

$$\mathrm{Gal}(f) = \{\mathrm{id}, \sigma\} \cong S_2.$$

例 2.19   考虑有理系数多项式

$$f(x) = x^3 - 2,$$

它是 $\mathbb{Q}[x]$ 中不可约多项式, 在 $\mathbb{C}$ 中有 3 个根

$$\sqrt[3]{2}, \quad \sqrt[3]{2}\omega, \quad \sqrt[3]{2}\omega^2.$$

因此其分裂域为

$$E := \mathbb{Q}(\sqrt[3]{2}, \sqrt[3]{2}\omega, \sqrt[3]{2}\omega^2) = \mathbb{Q}(\sqrt[3]{2}, \omega).$$

那伽罗瓦群 $\mathrm{Gal}(f)$ 是什么样子的呢? 令

$$L_1 := \mathbb{Q}(\sqrt[3]{2}), \quad L_2 := \mathbb{Q}(\sqrt[3]{2}\omega), \quad L_3 := \mathbb{Q}(\sqrt[3]{2}\omega^2).$$

由引理 2.10, $\mathbb{Q}$ 上的恒等映射可以延拓为 L_1 到 L_i 的一个同构 $\sigma_i, i = 1, 2, 3$, 分别将 $\sqrt[3]{2}$ 映为 $\sqrt[3]{2}, \sqrt[3]{2}\omega, \sqrt[3]{2}\omega^2$. 同时 $E = L_i(\omega)$ 对所有 $i = 1, 2, 3$ 成立, 而 ω 在这三

个域上的极小多项式都是 $g(x) = x^2 + x + 1$. 由于 $\sigma_i|_{\mathbb{Q}} = \mathrm{id}$, 因此 $\sigma_i g(x) = g(x)$. 再次利用引理 2.10, 每个 σ_i 都可以延拓为 E 的两种自同构 σ_{i1}, σ_{i2}, 分别将 ω 映为 ω 和 ω^2. 总结起来

$$\sigma_{ij}|_{L_1} = \sigma_i, \quad \sigma_i|_{\mathbb{Q}} = \mathrm{id}, \quad i = 1, 2, 3, \quad j = 1, 2.$$

所以这 6 个 E 的自同构都是 $\mathbb{Q}$ 自同构, 都属于 $\mathrm{Gal}(f)$. 通过检查 $\sqrt[3]{2}$ 和 ω 在它们下的像可知, 这 6 个 E 的自同构是两两不同的, 因此

$$\{\sigma_{ij}|i = 1, 2, 3, j = 1, 2\} \subseteq \mathrm{Gal}(f).$$

根据推论 2.17, $\mathrm{Gal}(f)$ 同构于 S_3 的一个子群, 元素个数不超过 $3! = 6$. 这使得

$$\mathrm{Gal}(f) = \{\sigma_{ij}|i = 1, 2, 3, j = 1, 2\} \cong S_3.$$

最后, 我们用域扩张的语言来解释什么情况下一个多项式可以根式解. 一个域扩张 L/K 称为**根式扩张** (radical extension), 如果存在一系列中间域

$$K = L_0 \subsetneq L_1 \subsetneq \cdots \subsetneq L_m = L,$$

使得对所有 $i = 0, \cdots, m-1$, 有 $L_{i+1} = L_i(\alpha_i)$ 为单扩张且存在正整数 n_i 使得 $\alpha_i^{n_i} \in L_i$. 形象地说, α_i 是用 L_i 中元素"开 n_i 次方"得到的.

我们称 $K[x]$ 中多项式 $f(x)$ **可以根式解** (solvable by radical), 如果存在一个根式扩张 L/K 使得 $f(x)$ 在 $L[x]$ 中可以分解为一次因式的乘积, 等价地, L 包含 $f(x)$ 在 K 上的一个分裂域.

在上面的两个例子中, $x^2 - 2$ 的分裂域 $\mathbb{Q}(\sqrt{2})$, 此时 $\mathbb{Q}(\sqrt{2})/\mathbb{Q}$ 本身就是根式扩张. 而 $x^3 - 2$ 在 $\mathbb{Q}$ 上的分裂域为 $E = \mathbb{Q}(\sqrt[3]{2}, \omega)$. 实际上, 此时 $E/\mathbb{Q}$ 依然是根式扩张, 这从下面的域的扩张链可以看出

$$\mathbb{Q} \subsetneq \mathbb{Q}(\sqrt[3]{2}) \subsetneq \mathbb{Q}(\sqrt[3]{2}, \omega) = E.$$

习　题

1. 假设 L/K 为域扩张, 且 $[L : K]$ 为素数. 证明 L 和 K 之间没有非平凡中间域.

2. 令 $L = \mathbb{Q}(\sqrt{3}, \omega)$, 其中 $\omega = -\dfrac{1}{2} + \dfrac{\sqrt{3}}{2}\mathrm{i}$ 是 3 次单位根. 计算 $[L : \mathbb{Q}]$, 并寻找 L 作为 $\mathbb{Q}$ 向量空间的一组基.

3. 设 $f(x) = x^3 - 3 \in \mathbb{Q}[x]$, $u \in \mathbb{C}$ 是 $f(x)$ 的一个根. 证明 $\mathbb{Q}(u)$ 不是 $f(x)$ 在 $\mathbb{Q}$ 上的分裂域.

4. 证明 L 为 $K[x]$ 中多项式的有限集 $f_1, \cdots, f_n$ 在 K 上的分裂域当且仅当 L 为多项式 $f = f_1 f_2 \cdots f_n$ 在 K 上的分裂域.

5. 计算域扩张的伽罗瓦群 $\mathrm{Aut}_{\mathbb{Q}} \mathbb{Q}(\sqrt{d})$, 其中 $0 \leqslant d \in \mathbb{Q}$.

6. 设 K 是域, $f(x) \in K[x]$ 且 $\deg f(x) = n \geqslant 1$. 令 E 为 $f(x)$ 在 K 上的分裂域, 证明 $[E : K]$ 整除 $n!$. (提示: 对 $\deg f(x)$ 利用数学归纳法, 从 n 到 $n+1$ 分 $f(x)$ 可约和不可约两种情形.)

7. 假设 K 为域, E 为 $f(x) \in K[x]$ 在 K 上的分裂域, $\xi_1, \cdots, \xi_n$ 为 $f(x)$ 在 E 中所有互不相同的根. 对于置换 $\sigma \in S_n$, 我们称 σ 保持 $\xi_1, \cdots, \xi_n$ 的代数关系, 如果 n 元多项式 $\phi(x_1, \cdots, x_n)$ 满足 $\phi(\xi_1, \cdots, \xi_n) = 0$ 当且仅当 $\phi(\xi_{\sigma(1)}, \cdots, \xi_{\sigma(n)}) = 0$. 记 G_f 为 S_n 中所有保持 $\xi_1, \cdots, \xi_n$ 的代数关系的置换构成的群. 证明: $G_f \cong \mathrm{Aut}_K E$.

第3章 伽罗瓦基本定理

从上一章最后的两个例子可以看出, 域 K 上的多项式 $f(x)$ 的分裂域 E 相对于 K 越 "复杂", 那么对应的伽罗瓦群 $\mathrm{Aut}_K E$ 似乎也更 "复杂". 这一章, 我们就来研究域扩张 E/K 与伽罗瓦群 $\mathrm{Aut}_K E$ 之间的关系.

3.1 中间域与子群

现在我们假设 E/K 是任意的域扩张, 而 $G := \mathrm{Aut}_K E$ 是它对应的伽罗瓦群. 如果 E 是 $K[x]$ 中某个多项式 $f(x)$ 的分裂域, 从上一章我们知道, $f(x) = 0$ 是否可以根式解主要是看 E 是否包含在 K 的一个根式扩张中, 而域扩张是否为根式扩张主要看是否存在由一系列 "合适" 的中间域构成的根式扩张序列. 也就是说要研究这个问题, 我们实际上需要好好研究域扩张的中间域. 而伽罗瓦理论中最重要的思想就是把中间域的问题转化为域扩张的伽罗瓦群的问题.

对于一个群 G 来说, 它最主要的信息就是它的子群. 所以一个很自然的问题是: E/K 的中间域与 $G := \mathrm{Aut}_K E$ 或者它的子群之间有什么关系?

容易发现, 对任意 E/K 的中间域 L, 我们可以得到 $\mathrm{Aut}_K E$ 的一个子群:

$$L' := \{\sigma \in \mathrm{Aut}_K E \mid \sigma(a) = a, \forall a \in L\} = \mathrm{Aut}_L E.$$

而对于 $\mathrm{Aut}_K E$ 的子群 H, 我们一样可以得到 E/K 的一个中间域:

$$H' := \{a \in E \mid \sigma(a) = a, \forall \sigma \in H\}.$$

由此得到两个映射

$$\{E/K\text{的中间域}\} \rightleftarrows \{\mathrm{Aut}_K E\text{的子群}\},$$

$$L \mapsto L',$$

$$H' \hookleftarrow H.$$

这两个映射之间有什么关系? 它们是否为互逆的双射?

我们先来看几个简单的例子.

$$E' = \{\sigma \in \mathrm{Aut}_K E \mid \sigma(a) = a, \forall a \in E\} = \{\mathrm{id}\},$$

$$\{\mathrm{id}\}' = \{a \in E \mid \mathrm{id}(a) = a\} = E,$$

$$K' = \{\sigma \in \mathrm{Aut}_K E \mid \sigma(a) = a, \forall a \in K\} = \mathrm{Aut}_K E,$$

$$(\mathrm{Aut}_K E)' = \{a \in E \mid \sigma(a) = a, \forall \sigma \in \mathrm{Aut}_K E\} \supseteq K.$$

可以发现 E 和平凡子群 $\{\mathrm{id}\}$ 在上面的两个映射下是相互对应的, 但对 K 与 $\mathrm{Aut}_K E$, 还没有证据说明它们是相互对应的. 一般情况下 $(\mathrm{Aut}_K E)'$ 并不一定等于 K. 比如 $\mathrm{Aut}_{\mathbb{Q}} \mathbb{Q}(\sqrt[3]{2}) = \{\mathrm{id}\}$, 实际上对任意 $\sigma \in \mathrm{Aut}_{\mathbb{Q}} \mathbb{Q}(\sqrt[3]{2})$, 由引理 2.16, $\sigma(\sqrt[3]{2})$ 为 $\mathbb{Q}(\sqrt[3]{2})$ 中 $x^3 - 2$ 的根, 由于 $x^3 - 2$ 的另外两个根 $\sqrt[3]{2}\omega, \sqrt[3]{2}\omega^2$ 都不在 $\mathbb{Q}(\sqrt[3]{2})$ 中, 因此 $\sigma(\sqrt[3]{2}) = \sqrt[3]{2}$, 从而 $\sigma = \mathrm{id}$. 如此一来,

$$(\mathrm{Aut}_{\mathbb{Q}} \mathbb{Q}(\sqrt[3]{2}))' = \{\mathrm{id}\}' = \mathbb{Q}(\sqrt[3]{2}) \neq \mathbb{Q}.$$

定义 3.1　如果域扩张 E/K 满足 $(\mathrm{Aut}_K E)' = K$, 等价地, 对任意 $a \in E \backslash K$, 都存在 $\sigma \in \mathrm{Aut}_K E$ 使得 $\sigma(a) \neq a$, 则称 E/K 为一个**伽罗瓦扩张** (Galois extension).

很显然 $\mathbb{Q}(\sqrt[3]{2})/\mathbb{Q}$ 并不是伽罗瓦扩张, 容易证明 $\mathbb{Q}(\sqrt{2})/\mathbb{Q}$ 是伽罗瓦扩张.

让我们回到研究中间域和伽罗瓦群的子群的关系上来. 由定义, 我们可以得到下面的几条性质.

引理 3.2　假设 E/K 为域扩张, 则下述结论成立.

(1) 对任意中间域 L, $L \subseteq L''$;

(2) 对任意 $H \leqslant \mathrm{Aut}_K E$, $H \leqslant H''$;

(3) 如果中间域 $L \subseteq M$, 那么 $M' \leqslant L'$;

(4) 如果 $H_1 \leqslant H_2 \leqslant \mathrm{Aut}_K E$, 则 $H_2' \subseteq H_1'$;

(5) 对任意中间域 L, $L''' = L'$;

(6) 对任意 $H \leqslant \mathrm{Aut}_K E$, $H''' = H$.

证明　(1)—(4) 根据定义容易验证. 现在证明 (5). 由 (2) 有 $L' \leqslant L'''$. 由 (1) 有 $L \subseteq L''$, 根据 (3) 得 $(L'')' \leqslant L'$, 即 $L''' \leqslant L'$. 所以 $L' = L'''$.

(6) 的证明类似. □

如果域扩张 E/K 的中间域 L 满足 $L'' = L$, 则称 L 为 E/K 的**闭中间域** (closed intermediate field), 同样地, 如果 $H \leqslant \mathrm{Aut}_K E$ 满足 $H'' = H$, 则称 H 为

$\mathrm{Aut}_K E$ 的**闭子群** (closed subgroup). 实际上, E/K 是伽罗瓦扩张等价于 K 是这个扩张的闭的中间域. 另外, 容易发现, $L \mapsto L'$, $H \mapsto H'$ 给出闭中间域与闭子群的一一对应.

$$\{E/K\text{的闭中间域}\} \xrightarrow{\qquad} \{\mathrm{Aut}_K E\text{的闭子群}\}.$$

伽罗瓦基本定理的一个重要内容就是有限伽罗瓦扩张的中间域都是闭的, 对应的伽罗瓦群的子群也都是闭的, 从而得到中间域与伽罗瓦群的子群之间的一一对应. 下面我们就来看看这是怎么实现的.

下面这个引理扮演着非常重要的角色.

引理 3.3 设 E/K 是域扩张, 则下面两条成立.

(1) 对于中间域 $L \subseteq M$, 如果 $[M:L] < \infty$, 那么 $[L':M'] \leqslant [M:L]$.

(2) 对于 $H \leqslant J \leqslant \mathrm{Aut}_K E$, 如果 $[J:H] < \infty$, 那么 $[H':J'] \leqslant [J:H]$.

证明 (1) 对 $[M:L]$ 进行归纳. 若 $[M:L] = 1$, 则 $M = L$, $L' = M'$ 成立.

假设 $[M:L] = n > 1$, 取 $u \in M \setminus L$, $f(x) \in L[x]$ 为 u 在 L 上的极小多项式, 有 $L \subsetneqq L(u) \subseteq M$, 从而 $M' \leqslant L(u)' \leqslant L'$. 分两种情形来讨论.

情形 1 若 $L(u) \neq M$, 则 $[L(u):L] < n$, $[M:L(u)] < n$. 由归纳假设,

$$[L':M'] = [L':L(u)'] \cdot [L(u)':M'] \leqslant [L(u):L] \cdot [M:L(u)] = [M:L].$$

情形 2 若 $L(u) = M$, 则 $[M:L] = \deg f(x) = n$. 对任意 $\sigma \in L' = \mathrm{Aut}_L E$, 由引理 2.16, $\sigma(u)$ 为 $f(x)$ 在 E 中的根. 由于 $u \in M$, 因此 $\theta(u) = u$ 对所有 $\theta \in M' \leqslant L'$ 成立. 可建立映射

$$\pi: \{\sigma M' \mid \sigma \in L'\} \longrightarrow \{f(x) \text{ 在 } E \text{ 中的根}\},$$

$$\sigma M' \longmapsto \sigma(u).$$

实际上,

$$\sigma_1 M' = \sigma_2 M' \iff \sigma_1^{-1}\sigma_2 \in M'$$

$$\iff \sigma_1^{-1}\sigma_2(u) = u$$

$$\iff \sigma_1(u) = \sigma_2(u).$$

因此 π 是良定义的, 且 π 是单射. 所以 M' 在 L' 中的陪集个数 $[L':M']$ 不超过 $f(x)$ 在 E 中根的个数, 从而有 $[L':M'] \leqslant \deg f(x) = [M:L]$.

(2) 证明中需要用到群论中的结论: 设 $H \leqslant G$ 且 $[G:H] < \infty$. 如果

$$\tau_1 H, \cdots, \tau_m H$$

是 H 在 G 中所有左陪集, 则对任意 $\sigma \in G$,

$$\sigma\tau_1 H, \cdots, \sigma\tau_m H$$

也是 H 在 G 中所有左陪集. 实际上, 只需要说明当 $i \neq j$ 时, $\sigma\tau_i H \neq \sigma\tau_j H$ 即可. 如果 $\sigma\tau_i H = \sigma\tau_j H$, 则有 $(\sigma\tau_i)^{-1}(\sigma\tau_j) \in H$, 即 $\tau_i^{-1}\tau_j \in H$, 从而 $\tau_i H = \tau_j H$, 与假设矛盾.

回到 (2) 的证明, 我们用反证法, 假设 $[J : H] = n$ 但 $[H' : J'] > n$.

令 $u_1, u_2, \cdots, u_{n+1}$ 为 H' 中 J' 线性无关的 $n+1$ 个元素. 令 $\sigma_1 H, \sigma_2 H, \cdots,$ $\sigma_n H$ 为 H 在 J 中的所有左陪集, 不妨令 $\sigma_1 = \mathrm{id}$. 考虑方程组

$$\begin{cases} \sigma_1(u_1)x_1 + \sigma_1(u_2)x_2 + \cdots + \sigma_1(u_{n+1})x_{n+1} = 0, \\ \sigma_2(u_1)x_1 + \sigma_2(u_2)x_2 + \cdots + \sigma_2(u_{n+1})x_{n+1} = 0, \\ \qquad\qquad\qquad\cdots\cdots \\ \sigma_n(u_1)x_1 + \sigma_n(u_2)x_2 + \cdots + \sigma_n(u_{n+1})x_{n+1} = 0. \end{cases}$$

记

$$A = \begin{pmatrix} \sigma_1(u_1) & \sigma_1(u_2) & \cdots & \sigma_1(u_{n+1}) \\ \sigma_2(u_1) & \sigma_2(u_2) & \cdots & \sigma_2(u_{n+1}) \\ \vdots & \vdots & & \vdots \\ \sigma_n(u_1) & \sigma_n(u_2) & \cdots & \sigma_n(u_{n+1}) \end{pmatrix}, \quad x = \begin{pmatrix} x_1 \\ x_2 \\ \vdots \\ x_{n+1} \end{pmatrix},$$

方程组可写为 $Ax = 0$. 如果 $\sigma H = \tau H$, 那么 $\sigma^{-1}\tau \in H$, 从而 $\sigma^{-1}\tau(u_i) = u_i$, 即 $\sigma(u_i) = \tau(u_i)$ 对所有 $i = 1, 2, \cdots, n+1$ 成立, 因此方程组中的系数不依赖于陪集代表元的选取. 由于 A 只有 n 行, 因此方程组 $Ax = 0$ 必有非零解. 不妨设其中 0 个数最多的解为

$$x = (1, a_2, \cdots, a_r, 0, \cdots, 0)^{\mathrm{T}}.$$

由第一个方程, 注意到 $\sigma_1(u_i) = \mathrm{id}(u_i) = u_i$, 就有

$$u_1 + a_2 u_2 + \cdots + a_r u_r = 0.$$

由 $u_1, u_2, \cdots, u_{n+1}$ 是 J' 线性无关的, $a_2, a_3, \cdots, a_r$ 不能全部属于 J', 不妨设 $a_2 \notin J'$, 即存在 $\sigma \in J$, $\sigma(a_2) \neq a_2$. 考虑方程组 $\sigma(A)x = 0$, 即

$$\begin{cases} \sigma\sigma_1(u_1)x_1 + \sigma\sigma_1(u_2)x_2 + \cdots + \sigma\sigma_1(u_{n+1})x_{n+1} = 0, \\ \sigma\sigma_2(u_1)x_1 + \sigma\sigma_2(u_2)x_2 + \cdots + \sigma\sigma_2(u_{n+1})x_{n+1} = 0, \\ \qquad\qquad\qquad\cdots\cdots \\ \sigma\sigma_n(u_1)x_1 + \sigma\sigma_n(u_2)x_2 + \cdots + \sigma\sigma_n(u_{n+1})x_{n+1} = 0. \end{cases}$$

由于 $\sigma\sigma_1 H, \sigma\sigma_2 H, \cdots, \sigma\sigma_n H$ 也是 H 的所有左陪集, 故 $\sigma(A)$ 只交换了 A 的行, 从而 $\sigma(A)x = 0$ 与 $Ax = 0$ 同解, 故

$$\sigma(x) = (\sigma(1), \sigma(a_2), \cdots, \sigma(a_r), 0, \cdots, 0)^{\mathrm{T}} = (1, \sigma(a_2), \cdots, \sigma(a_r), 0, \cdots, 0)^{\mathrm{T}}$$

也是 $Ax = 0$ 的解, 从而 $\sigma(x) - x = (0, \sigma(a_2) - a_2, \cdots, \sigma(a_r) - a_r, 0, \cdots, 0)^{\mathrm{T}}$ 也是 $Ax = 0$ 的解, 而 $\sigma(a_2) - a_2 \neq 0$, 故 $\sigma(x) - x$ 是 $Ax = 0$ 的非零解, 但其中 0 的个数比 x 多, 矛盾. $\qquad\square$

这个引理使得我们可以从一个闭中间域或者闭子群从发, 找出更多的闭中间域或闭子群.

推论 3.4 设 E/K 是域扩张. 则

(1) 假设 L, M 是中间域且 $[M:L] < \infty$. 如果 L 是闭的, 那么 M 也是闭中间域且 $[L':M'] = [M:L]$.

(2) 假设 $H \leqslant J \leqslant \mathrm{Aut}_K E$ 且 $[J:H] < \infty$. 如果 H 是闭子群, 那么 J 也是闭子群且 $[H':J'] = [J:H]$.

(3) 若 E/K 为有限伽罗瓦扩张, 则所有 E 和 K 的中间域 L 与所有 $\mathrm{Aut}_K E$ 的子群都是闭的. 特别地, $|\mathrm{Aut}_K E| = [E:K]$.

证明 (1) 利用引理 3.3 可以得到不等式

$$[M'':L''] \leqslant [L':M'] \leqslant [M:L].$$

由于 L 是闭的, 因此 $L = L''$. 注意到 $M \subseteq M''$, 我们得到

$$[M:L] = [M:L''] \leqslant [M'':L''] \leqslant [L':M'] \leqslant [M:L].$$

由于 $[M:L]$ 有限, 这里所有的不等号都是等号. 因此 $[L':M'] = [M:L]$, $[M:L''] = [M'':L'']$. 结合 $[M'':L''] = [M'':M][M:L'']$, 我们得到 $[M'':M] = 1$. 所以 $M = M''$ 是闭中间域.

利用引理 3.3, (2) 的证明与 (1) 类似.

(3) 如果 E/K 是有限伽罗瓦扩张, 即 K 是这个扩张的闭中间域, 由 (1) 这个域扩张的所有中间域都是闭的, 特别地,

$$[E:K] = [K':E'] = [\mathrm{Aut}_K E : \{\mathrm{id}\}] = |\mathrm{Aut}_K E|.$$

这同时也说明 $\mathrm{Aut}_K E$ 是有限群, 由于 $\{\mathrm{id}\}$ 是闭子群, 由 (2) 得 $\mathrm{Aut}_K E$ 所有的子群都是闭子群. $\qquad\square$

推论 3.5 有限扩张 E/K 是伽罗瓦扩张当且仅当 $[E:K] = |\mathrm{Aut}_K E|$. 此时, 对任意中间域 L, E/L 为伽罗瓦扩张.

证明   必要性由推论 3.4 (3) 得到. 下证充分性, 假设 $[E:K] = |\operatorname{Aut}_K E|$. 则

$$|\operatorname{Aut}_K E| = [E:K] = [E:K''][K'':K].$$

由于 E 总是闭的, 即 $E = E''$, 再根据引理 3.2 和推论 3.4 有

$$[E:K''] = [E'':K''] = [K':E'] = [\operatorname{Aut}_K E : \{\operatorname{id}\}] = |\operatorname{Aut}_K E|.$$

所以 $[K'':K] = 1$, 从而 $K = K''$, 即 E/K 是伽罗瓦扩张.

当 E/K 为有限伽罗瓦扩张时, 所有中间域都是闭的, 因此

$$[E:L] = [L':E'] = [\operatorname{Aut}_L E : \{\operatorname{id}\}] = |\operatorname{Aut}_L E|.$$

所以 E/L 为伽罗瓦扩张.   □

3.2   伽罗瓦基本定理

对于有限伽罗瓦扩张 E/K, L 为其中间域, 推论 3.5 告诉我们 E/L 是伽罗瓦扩张. 需要注意的是, L/K 未必是伽罗瓦扩张. 例如, $E := \mathbb{Q}(\sqrt[3]{2}, \omega)$ 是 $x^3 - 2$ 在 $\mathbb{Q}$ 上的分裂域, 前面我们已经计算过

$$\operatorname{Aut}_{\mathbb{Q}} E \cong S_3$$

有 6 个元素, 另外, 计算得 $[E:\mathbb{Q}] = 6$. 因此 E/K 为有限伽罗瓦扩张. 令 $L = \mathbb{Q}(\sqrt[3]{2})$. 我们前面算过

$$\operatorname{Aut}_{\mathbb{Q}} L = \{\operatorname{id}\}$$

只有 1 个元素, 但 $[L:\mathbb{Q}] = 3$, 因此 $L/\mathbb{Q}$ 不是伽罗瓦扩张. 一个自然的问题是, 什么时候 L/K 也是伽罗瓦扩张呢? 是时候给出伽罗瓦基本定理了, 这个定理会告诉我们这个问题的答案.

定理 3.6 (伽罗瓦基本定理)   假设 E/K 为有限伽罗瓦扩张, 那么下面几条成立.

(1) $L \mapsto L', H \mapsto H'$ 给出

$$\{E/K \text{ 的中间域}\} \text{ 和 } \{\operatorname{Aut}_K E \text{ 的子群}\}$$

之间互逆的一一对应.

(2) 对 E/K 的中间域 $L \subseteq M$ 有 $[M:L] = [L':M']$.

(3) 对任意 E/K 的中间域 L, E/L 是伽罗瓦扩张. L/K 是伽罗瓦扩张当且仅当 $\operatorname{Aut}_L E$ 是 $\operatorname{Aut}_K E$ 的正规子群, 此时

$$\operatorname{Aut}_K E / \operatorname{Aut}_L E \cong \operatorname{Aut}_K L.$$

证明　对于有限伽罗瓦扩张 E/K, K 是闭中间域, 由推论 3.4(1), 所有的中间域都是闭的, 并且 $\mathrm{Aut}_K E$ 是有限群. 由于 $\{\mathrm{id}\}$ 是闭子群, 再次利用推论 3.4(2), 所有 $\mathrm{Aut}_K E$ 的子群都是闭的. 因此 $L \mapsto L'$, $H \mapsto H'$ 给出 E/K 的中间域和 $\mathrm{Aut}_K E$ 的子群之间互逆的一一对应. 同时由推论 3.4, 对中间域 $L \subseteq M$ 有 $[M : L] = [L' : M']$. 这就证明了 (1) 和 (2).

对于 (3), 对任意中间域 L, 由推论 3.5, E/L 是伽罗瓦扩张. (3) 剩下部分我们在下面证明. $\qquad\square$

下面我们就来研究一个有限伽罗瓦扩张 E/K 的中间域 L 什么时候是 K 上的伽罗瓦扩张. 下面这个引理是非常重要的.

引理 3.7　假设 L/K 是伽罗瓦扩张, $p(x) \in K[x]$ 为首一不可约多项式. 如果 $p(x)$ 在 L 中有一个根 α, 记

$$X := \{\sigma(\alpha) \mid \sigma \in \mathrm{Aut}_K L\},$$

那么 $p(x)$ 在 $L[x]$ 中可以分解为一次因式的乘积

$$p(x) = \prod_{a \in X}(x - a).$$

证明　由于 X 为 α 在 $\mathrm{Aut}_K L$ 中元素作用后的所有像组成的集合, 对任意 $\sigma \in \mathrm{Aut}_K L$ 有 $\sigma(X) \subseteq X$. 由于 σ 为单射, 而 X 是有限集合, 因此 $\sigma(X) = X$. 多项式

$$g(x) = \prod_{a \in X}(x - a)$$

的每个系数 c 都是关于 X 中所有元素的对称多项式, 从而有 $\sigma(c) = c$ 对任意 $\sigma \in \mathrm{Aut}_K L$ 成立, 即 $c \in (\mathrm{Aut}_K L)'$. 由于 L/K 是伽罗瓦扩张, 因此 $c \in K$, 即 $g(x) \in K[x]$. 另一方面, 由引理 2.16, X 中所有元素都是 $p(x)$ 在 L 中的根. 因此 $g(x) \mid p(x)$. 由 $p(x)$ 的不可约性得 $p(x) = g(x)$. $\qquad\square$

有了这个引理事情就好办多了.

引理 3.8　假设 E/K 是域扩张, L 为中间域. 如果 L/K 为代数伽罗瓦扩张, 那么对任意 $\sigma \in \mathrm{Aut}_K E$ 有 $\sigma(L) \subseteq L$.

证明　对任意 $u \in L$, 根据假设 u 是 K 上的代数元. 假设 $p(x) \in K[x]$ 为 u 在 K 上的首一极小多项式. 令 $X := \{\tau(u) \mid \tau \in \mathrm{Aut}_K L\}$. 由于 L/K 是伽罗瓦扩张, 根据引理 3.7, $p(x)$ 在 $L[x]$ 中可分解为

$$p(x) = \prod_{a \in X}(x - a).$$

这也是 $p(x)$ 在 $E[x]$ 中的分解, 因此 $p(x)$ 在 E 中的根恰为 X 中所有元素. 对任意 $\sigma \in \operatorname{Aut}_K E$, 由引理 2.16, $\sigma(u)$ 依然为 $p(x)$ 在 E 中的根, 因此 $\sigma(u) \in X \subseteq L$.　□

对域扩张 E/K 来说, 满足 $\sigma(L) \subseteq L$ 对所有 $\sigma \in \operatorname{Aut}_K E$ 都成立的中间域 L 称为 E/K 的**稳定中间域** (stable intermediate field).

一个自然的问题是, 伽罗瓦扩张 E/K 的稳定中间域 L 是不是 K 上的伽罗瓦扩张呢? 答案是肯定的.

引理 3.9　假设 L 为伽罗瓦扩张 E/K 的稳定中间域, 那么 L/K 为伽罗瓦扩张.

证明　这个证明很简单, 对任意 $u \in L \backslash K$, 由于 E/K 是伽罗瓦扩张, 存在 $\sigma \in \operatorname{Aut}_K E$ 使得 $\sigma(u) \neq u$. 现在 L 是稳定中间域, 所以 $\sigma(L) \subseteq L$, $\sigma^{-1}(L) \subseteq L$, 从而 $\sigma(L) = L$. 所以 $\sigma|_L$ 是 L 的自同构, 这导致 $\sigma|_L \in \operatorname{Aut}_K L$. 但 $\sigma|_L(u) = \sigma(u) \neq u$. 所以 L/K 是伽罗瓦扩张.　□

总结起来就是

命题 3.10　假设 L 为伽罗瓦扩张 E/K 的中间域且 L/K 是代数扩张. 则 L/K 为伽罗瓦扩张当且仅当 L 是 E/K 的稳定中间域.

证明　结合引理 3.8 和引理 3.9 可得.　□

当然我们可能还是会问, L 为 E/K 的稳定中间域这个性质是否可以用 L' 的性质来刻画呢? 实际上它们之间有着非常漂亮的联系.

引理 3.11　假设 E/K 为域扩张, 则

(1) 若 L 为 E/K 的稳定中间域, 则 $L' \trianglelefteq \operatorname{Aut}_K E$;

(2) 若 $H \trianglelefteq \operatorname{Aut}_K E$, 则 H' 为 E/K 的稳定中间域.

证明　(1) 对任意 $\sigma \in \operatorname{Aut}_K E$, $\tau \in L'$, 我们需要证明 $\sigma^{-1}\tau\sigma$ 依然属于 L'. 对任意 $a \in L$, 由于 L 是稳定中间域, 因此 $\sigma(a) \in L$. 因为 $\tau \in L'$, 所以 $\tau(\sigma(a)) = \sigma(a)$, 从而

$$\sigma^{-1}\tau\sigma(a) = \sigma^{-1}(\sigma(a)) = a.$$

因此 $\sigma^{-1}\tau\sigma \in L'$ 对所有 $\tau \in L'$, $\sigma \in \operatorname{Aut}_K E$ 成立. 所以 $L' \trianglelefteq \operatorname{Aut}_K E$.

(2) 对任意 $\sigma \in \operatorname{Aut}_K E$, 有 $\sigma^{-1}H\sigma = H$. 如此一来,

$$(\sigma^{-1}h\sigma)(a) = a, \quad \forall a \in H', \ h \in H, \ \sigma \in \operatorname{Aut}_K E.$$

这导致

$$h\sigma(a) = \sigma(a), \quad \forall a \in H', \ h \in H, \ \sigma \in \operatorname{Aut}_K E.$$

因此 $\sigma(a) \in H'$ 对任意 $a \in H'$, $\sigma \in \operatorname{Aut}_K E$ 成立, 也就是说, H' 是 E/K 的稳定中间域.　□

总结到一起, 得到下面这个推论.

推论 3.12 假设 L 为有限伽罗瓦扩张 E/K 的中间域. 那么下面几条等价:

(1) L/K 是伽罗瓦扩张.

(2) L 是 E/K 的稳定中间域.

(3) $L' \lhd \operatorname{Aut}_K E$.

此时有 $\operatorname{Aut}_K E/L' \cong \operatorname{Aut}_K L$.

证明 此时所有的中间域都是闭的. 由引理 3.11, L 是稳定中间域推出 $L' = \operatorname{Aut}_L E$ 是 $\operatorname{Aut}_K E$ 的正规子群. 如果 L' 是 $\operatorname{Aut}_K E$ 的正规子群, 根据引理 3.11 知 L'' 是稳定中间域. 但此时 $L = L''$, 所以 L 是稳定中间域. 因此 (2) 与 (3) 等价, (1) 与 (2) 的等价由命题 3.10 得到.

由于 L 是稳定中间域, 对任意 $\sigma \in \operatorname{Aut}_K E$, σ 可以限制到 L 上得到 L 的 K 自同构 $\sigma|_L$. 由此, 我们得到群同态

$$\pi : \operatorname{Aut}_K E \longrightarrow \operatorname{Aut}_K L,$$
$$\sigma \mapsto \sigma|_L.$$

根据定义可得 $\operatorname{Ker} \pi = L'$. 由群同态基本定理, $\operatorname{Aut}_K E/L' \cong \operatorname{Im} \pi$. 最后

$$|L'| = [L' : \{\operatorname{id}\}] = [\{\operatorname{id}\}' : L] = [E : L],$$

根据 E/K 为有限伽罗瓦扩张有 $|\operatorname{Aut}_K E| = [E : K]$, 所以

$$|\operatorname{Im} \pi| = |\operatorname{Aut}_K E/L'| = [E : K]/[E : L] = [L : K] = \operatorname{Aut}_K L.$$

由于 $\operatorname{Aut}_K L$ 是有限群, 所以 $\operatorname{Im} \pi = \operatorname{Aut}_K L$. $\square$

至此伽罗瓦基本定理的证明全部完成! 我们举例来感受一下.

例 3.13 考虑 $E = \mathbb{Q}(\sqrt[3]{2}, \omega)$, 即 $x^3 - 2$ 在 $\mathbb{Q}$ 上的分裂域. 在上一章例 2.19 中, 我们已经计算过 $\operatorname{Aut}_{\mathbb{Q}} E$ 同构于 S_3, 包含 6 个元素:

$$\sigma_{ij}, \quad i = 1, 2, 3, \quad j = 1, 2,$$

其中 $i = 1, 2, 3$ 代表 σ_{ij} 作用在 $\sqrt[3]{2}$ 上的像, 分别为 $\sqrt[3]{2}, \sqrt[3]{2}\omega, \sqrt[3]{2}\omega^2$, 这里 ω 为 3 次本原单位根. 而 $j = 1, 2$ 代表 σ_{ij} 作用在 ω 上的像, 分别为 ω, ω^2. 这样根据 σ_{ij} 作用在 $x^3 - 2$ 的根的集合 $\{\sqrt[3]{2}, \sqrt[3]{2}\omega, \sqrt[3]{2}\omega^2\}$ 上的结果可建立群同构

$$\operatorname{Aut}_{\mathbb{Q}} E \longrightarrow S(\sqrt[3]{2}, \sqrt[3]{2}\omega, \sqrt[3]{2}\omega^2) \cong S_3.$$

具体对应为

$$\sigma_{11} \mapsto e, \quad \sigma_{21} \mapsto (123), \quad \sigma_{31} \mapsto (132),$$

$$\sigma_{12} \mapsto (23), \quad \sigma_{22} \mapsto (12), \quad \sigma_{32} \mapsto (13).$$

比如

$$\sigma_{32}(\sqrt[3]{2}) = \sqrt[3]{2}\omega^2,$$

$$\sigma_{32}(\sqrt[3]{2}\omega) = \sqrt[3]{2}\omega^2 \cdot \omega^2 = \sqrt[3]{2}\omega,$$

$$\sigma_{32}(\sqrt[3]{2}\omega^2) = \sqrt[3]{2}\omega^2 \cdot \omega^4 = \sqrt[3]{2},$$

由此得到其对应 S_3 中元素为 (13). S_3 的所有子群如下:

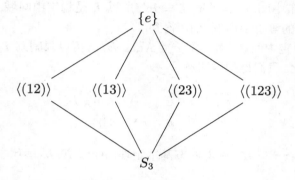

分别计算它们对应的中间域:

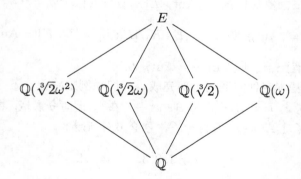

由伽罗瓦基本定理, 这些中间域为 $E/\mathbb{Q}$ 的所有的中间域. 这些子群中, 除 $\{e\}$ 和 S_3 之外, 只有 $\langle(123)\rangle$ 是 S_3 的正规子群, 由伽罗瓦基本定理, 除 $\mathbb{Q}$ 和 E 之外, 只有 $\langle(123)\rangle' = \mathbb{Q}(\omega)$ 是 $\mathbb{Q}$ 上的伽罗瓦扩张.

最后我们从一个域和其自同构群的子群出发得到伽罗瓦扩张.

命题 3.14 (Artin 引理)　设 E 是一个域, $G \leqslant \mathrm{Aut}(E)$. 定义

$$K = \{x \in E \mid \sigma(x) = x, \ \forall \sigma \in G\},$$

则 E/K 是伽罗瓦扩张. 特别地, 若 $|G| < \infty$, 则 E/K 是有限伽罗瓦扩张, 且 $\mathrm{Aut}_K E = G$.

证明   对任意 $u \in E \setminus K$, 存在 $\sigma \in \mathrm{Aut}_K E$ 使得 $\sigma(u) \neq u$. 从而 E/K 是伽罗瓦扩张. 若 $G < \infty$, 由引理 3.3 有

$$[E:K] = [\{e\}' : G'] \leqslant [G : \{e\}] = |G| < \infty,$$

所以 E/K 是有限伽罗瓦扩张, 从而 $|\mathrm{Aut}_K E| = [E:K] \leqslant |G|$. 由 $G \leqslant \mathrm{Aut}_K E$ 得 $|G| \leqslant |\mathrm{Aut}_K E|$. 因此 $|G| = |\mathrm{Aut}_K E|$, $G = \mathrm{Aut}_K E$.   □

3.3 正 规 扩 张

在前面的证明中, 我们注意到如果 L/K 是伽罗瓦扩张, 那么对任意 $K[x]$ 中不可约多项式 $p(x)$, 一旦 $p(x)$ 在 L 中有一个根, 那么 $p(x)$ 在 $L[x]$ 中就能分解为一次因式的乘积 (引理 3.7). 这一节, 我们单独研究下有这种性质的域扩张. 由于这种域扩张主要涉及多项式的根的问题, 因此我们只考虑代数扩张.

定义 3.15   假设 L/K 为代数扩张. 如果对任意 $K[x]$ 中不可约多项式 $p(x)$, 只要 $p(x)$ 在 L 中有一个根, $p(x)$ 在 $L[x]$ 中就可以分解为一次因式的乘积, 则称 L/K 为**正规扩张** (normal extension).

根据引理 3.7, 代数的伽罗瓦扩张是正规扩张. 对伽罗瓦扩张 E/K 来说, 在引理 3.8 中, 如果中间域 L 是 K 上的代数伽罗瓦扩张, 那么 L 就是稳定的中间域. 实际上, 在证明中只用到了 L/K 是正规扩张这个条件. 因为, 对任意 $u \in L$, 假设 $p(x) \in K[x]$ 是其首一极小多项式, 如果 L/K 是正规扩张, 由于 $p(x)$ 在 L 中已经有一个根 u, 由正规扩张的定义, $p(x)$ 在 $L[x]$ 中可以分解为一次因式的乘积

$$p(x) = (x - u)(x - u_2) \cdots (x - u_n).$$

这个分解在 $E[x]$ 中同样成立, 因此 $p(x)$ 在 E 中的根全部都在 L 中. 对任意 $\sigma \in \mathrm{Aut}_K E$, 由引理 2.16 知 $\sigma(u)$ 依然是 $p(x)$ 在 E 中的根, 从而属于 L. 这就说明了 L 是 E/K 的稳定中间域.

结合推论 3.12, 对有限伽罗瓦扩张 E/K 的中间域 L 来说, L/K 是正规扩张当且仅当 L 是稳定的中间域, 当且仅当 L' 是 $\mathrm{Aut}_K E$ 是正规子群. 有趣的是, 正规子群的定义在历史上正是来源于这个性质.

那正规扩张到底怎么刻画, 正规扩张是否一定是伽罗瓦扩张呢? 实际上, 一句话就能说清楚: 正规扩张就是多项式集合的分裂域, 正规扩张不一定是伽罗瓦扩张.

定理 3.16   域扩张 E/K 是正规扩张当且仅当存在 $S \subseteq K[x]$ 使得 E 是 S 在 K 上的分裂域.

证明   如果 E/K 是正规扩张, 取 S 为 E 中元素在 K 上的首一极小多项式的全体. 由正规扩张的定义, S 中的多项式在 $E[x]$ 中都能分解为一次因式的乘积. 令 U 为 S 中多项式在 E 中的根的全体, 则 $K(U) \subseteq E$ 为 S 在 K 上的一个分裂域. 另一方面, 对任意 $u \in E$, u 是其极小多项式的根, 从而 $u \in U$, 即 $E \subseteq U$. 因此 $E \subseteq K(U)$. 所以 $E = K(U)$ 为 S 在 K 上的分裂域.

反过来, 假设 E 为 $S \subseteq K[x]$ 在 K 上的分裂域. 我们需要证明 E/K 为正规扩张. 对任意 $K[x]$ 中不可约多项式 $p(x)$, 假设 $p(x)$ 在 E 中有根 u, 那么 $p(x)$ 为 u 在 K 上的极小多项式. 令 $\bar{E}$ 为 E 的代数闭包. 由于 E 是 S 在 K 上的分裂域, 为代数扩张, 因此 $\bar{E}$ 也是 K 的代数闭包. 我们需要证明 $p(x)$ 在 $\bar{E}$ 中的所有根都属于 E, 这样 $p(x)$ 在 $E[x]$ 中就能分解为一次因式的乘积了. 令 β 为 $p(x)$ 在 $\bar{E}$ 中的根. 根据引理 2.10, 我们有交换图

$$
\begin{array}{ccc}
K & \longhookrightarrow & K(u) \\
\| & & \downarrow \sigma \\
K & \longhookrightarrow & K(\beta)
\end{array}
$$

其中 σ 是域同构且 $\sigma(u) = \beta$. 由于 $\sigma|_K = \mathrm{id}$, 而 $S \subseteq K[x]$, 因此 $\sigma S = S$. 令 W 为 S 中多项式在 $\bar{E}$ 中根的全体, 则 $E = K(W) = K(u)(W)$. 令 $E' = K(\beta)(W)$, 则 E, E' 分别为 S 在 $K(u)$ 和 $K(\beta)$ 上的分裂域. 由分裂域的唯一性 (定理 2.14), σ 可以拓展为 E 到 E' 的域同构.

$$
\begin{array}{ccccc}
K & \longhookrightarrow & K(u) & \longhookrightarrow & E \\
\| & & \downarrow \sigma & & \downarrow \tilde{\sigma} \\
K & \longhookrightarrow & K(\beta) & \longhookrightarrow & E'
\end{array}
$$

由于 $\tilde{\sigma}|_K = \mathrm{id}$ 而 $S \subseteq K[x]$, 所以 S 中任意多项式 $f(x)$ 的根 α 在 $\tilde{\sigma}$ 下的像为 $f(x)$ 在 $E' \subseteq \bar{E}$ 中的根, 依然属于 W. 因此 $\tilde{\sigma}(W) \subseteq W$. 同样地 $\tilde{\sigma}^{-1}(W) \subseteq W$. 所以 $\tilde{\sigma}(W) = W$. 如此一来,

$$K(\beta) \subseteq E' = \tilde{\sigma}(E) = \tilde{\sigma}(K(W)) = K(\tilde{\sigma}(W)) = K(W) = E.$$

所以 $\beta \in E$. 这就证明了 $p(x)$ 在 $\bar{E}$ 中的根都属于 E, 因此 $p(x)$ 在 $E[x]$ 中能分解为一次因式乘积. 所以 E/K 为正规扩张. $\square$

由于代数的伽罗瓦扩张是正规扩张, 定理 3.16 有个显然但有趣的推论.

推论 3.17　　如果 E/K 为代数伽罗瓦扩张, 那么存在 $S \subseteq K[x]$ 使得 E 为 S 在 K 上的分裂域.

利用定理 3.16可以得到正规扩张的伽罗瓦群的一个重要性质.

推论 3.18　　假设 E/K 是正规扩张 (如代数伽罗瓦扩张), 而 $p(x) \in K[x]$ 为不可约多项式, 则对任意 $p(x)$ 在 E 中的两个根 u, v, 存在 $\sigma \in \mathrm{Aut}_K E$ 使得 $\sigma(u) = v$.

证明　　由定理 3.16, 存在 $K[x]$ 中多项式集合 S 使得 E 为 S 在 K 上的分裂域. 根据引理 2.10, 存在域同构 $\tau : K(u) \to K(v)$ 使得 $\tau|_K = \mathrm{id}, \tau(u) = v$. 这使得 $\tau S = S$. 由于 E 也是 S 在 $K(u)$ 和 $K(v)$ 上的分裂域, 由定理 2.14, τ 可以拓展为 E 上的自同构 σ, 即我们有下面的交换图

因此 $\sigma \in \mathrm{Aut}_K E$ 且满足 $\sigma(u) = v$.　　□

由于代数的伽罗瓦扩张为正规扩张, 前面我们已经指出正规扩张不一定是伽罗瓦扩张, 换句话说就是 K 上多项式集合的分裂域未必是 K 上的伽罗瓦扩张. 这样伽罗瓦基本定理这么好的定理就不一定能用上了! 在下一章, 我们就来研究什么时候 K 上多项式的分裂域为 K 上的伽罗瓦扩张.

习　题

1. 令 $0 \leqslant d \in \mathbb{Q}$. 证明 $\mathbb{Q}(\sqrt{d})/\mathbb{Q}$ 是伽罗瓦扩张.

2. 设 E/K 为域扩张, L 和 M 是中间域. 证明 $\mathrm{Aut}_{LM} E = \mathrm{Aut}_L E \bigcap \mathrm{Aut}_M E$. 这里 LM 是含 L 和 M 的最小子域.

3. 如果 $[E : K] = 2$, 则 E/K 是正规扩张.

4. 设 L 为 E/K 的中间域, 且 E/L 和 L/K 是正规扩张. 举例说明 E/K 未必是正规扩张.

5. 令 E/K 是正规扩张, L 为中间域. 证明 L/K 为正规扩张当且仅当 L 是稳定中间域.

6. 设 K 是域, 考虑 $u = \dfrac{f(x)}{g(x)} \in K(x)$ 且 $u \notin K$, 其中 $f(x)$ 与 $g(x)$ 为 $K[x]$ 中互素的多项式.

(1) 证明 $[K(x):K(u)] = \max\{\deg f(x), \deg g(x)\}$.

(2) 证明对于 $K(x)/K$ 的任意中间域 $E \neq K$, 均有 $[K(x):E] < \infty$.

(3) 证明 $x \mapsto u$ 诱导了 $K(x)$ 到 $K(x)$ 的一个同态 σ. 特别地, σ 是 $K(x)$ 上的 K 自同构当且仅当 $\max\{\deg f(x), \deg g(x)\} = 1$, 即 $\mathrm{Aut}_K K(x)$ 中的元素均形如

$$x \mapsto \frac{ax+b}{cx+d}, \quad a,b,c,d \in K, \ ad-bc \neq 0.$$

(4) 设 $G = \left\{ x \mapsto x, x \mapsto \dfrac{1}{1-x}, x \mapsto \dfrac{x-1}{x} \right\} \subset \mathrm{Aut}_K K(x)$. 证明 $G \leqslant \mathrm{Aut}_K K(x)$, 并求 G'.

7. 证明 $\mathbb{Q}(x^2)$ 为 $\mathbb{Q}(x)/\mathbb{Q}$ 闭的中间域, 但 $\mathbb{Q}(x^3)$ 不是闭的中间域.

8. 证明 $\mathbb{Q}(x)$ 作为 $\mathbb{Q}(x,y)/\mathbb{Q}$ 的中间域, 满足 $\mathbb{Q}(x)/\mathbb{Q}$ 是伽罗瓦扩张, 但 $\mathbb{Q}(x)$ 不是稳定的.

9. 对于有限扩张 F/K, 证明存在有限扩张 L/F 满足下面三条性质:

(1) L/K 是正规扩张;

(2) 如果 L/F 的中间域 M 是 K 的正规扩张, 则 $M = L$;

(3) 如果 E/F 也满足 (1) 和 (2), 那么存在域同构 $\sigma: E \to L$ 使得 $\sigma|_F = \mathrm{id}$.

注: 此时 L 称为 F/K 的**正规闭包** (normal closure).

第4章 分裂域作为伽罗瓦扩张

让我们回到多项式的分裂域上来, 这一章讨论 $K[x]$ 中多项式的分裂域何时为 K 上的伽罗瓦扩张, 方便我们利用伽罗瓦基本定理讨论多项式根式解的问题. 特别地, 我们将证明当 K 为有限域或者特征为零时, 其上多项式的分裂域总是 K 上的伽罗瓦扩张.

4.1 可分扩张

假设 K 是域, 而 $f(x)$ 为 $K[x]$ 中多项式, 我们的问题是: $f(x)$ 在 K 上的分裂域 E 是否为 K 上的伽罗瓦扩张? 由上一章引理 3.7, 如果 E/K 是伽罗瓦扩张, 而 $p(x)$ 是 $K[x]$ 中首一不可约多项式, 那么 $p(x)$ 在 $E[x]$ 中可分解为一次因式乘积

$$p(x) = (x - u_1) \cdots (x - u_n),$$

其中 $u_1, \cdots, u_n$ 为 $p(x)$ 在 E 中所有互不相同的根.

定义 4.1　假设 K 是域, 称 $K[x]$ 中不可约多项式 $p(x)$ 在 K 上**可分** (separable), 如果 $p(x)$ 在其分裂域中没有重根. $f(x) \in K[x]$ 称为 K 上的**可分多项式** (separable polynomial), 如果其不可约因式都是 K 上可分的. 一个 K 上的代数元 u 称为 K 上的**可分元** (separable element), 如果 u 在 K 上的极小多项式是可分的. 如果 K 的扩域 L 中的元素都是 K 上的可分元, 则称 L/K 为**可分扩张** (separable extension).

假设 $f(x) \in K[x]$ 在 K 上可分, 即 $f(x)$ 的所有不可约因式在其分裂域中都没有重根. 如果 L 为 K 的扩域, 显然 $f(x)$ 在 $L[x]$ 中的不可约因式都是其在 $K[x]$ 中不可约因式的因式, 从而在其分裂域中也没有重根, 因此 $f(x)$ 在 L 上也可分.

假设 E/K 是代数伽罗瓦扩张, 由上一章推论 3.17, E 是 $K[x]$ 中某个多项式集合 S 在 K 上的分裂域. 对 S 中多项式的不可约因式 $p(x)$, 则 $p(x)$ 在 E 中有根 u. 根据引理 3.7, $p(x)$ 是 K 上的可分多项式. 因此 S 中多项式在 K 上都可分, 从而 E 是 $K[x]$ 中由一些可分多项式构成的集合 S 在 K 上的分裂域. 实际上, 这正是代数伽罗瓦扩张的本质特点.

定理 4.2　代数扩张 E/K 为伽罗瓦扩张当且仅当存在 $K[x]$ 中可分多项式的集合 S 使得 E 为 S 在 K 上的分裂域.

证明　上面已经说明了必要性, 现在我们来证明充分性.

如果存在 $K[x]$ 中可分多项式的集合 S 使得 E 为 S 在 K 上的分裂域, 那么 E/K 显然是代数扩张. 现证明 E/K 是伽罗瓦扩张. 分两种情形介绍.

情形 1　E/K 为有限扩张.

对 $[E:K]$ 用数学归纳法. 如果 $[E:K]=1$, 则 $E=K$ 显然是 K 的伽罗瓦扩张. 现在假设 $[E:K]=n>1$. 令 $u \in E \backslash K$ 为某个 S 中多项式 $f(x)$ 在 E 中的根. 由于 S 中多项式在 K 上可分, 它们在 K 的扩域 $K(u)$ 上依然是可分的, 因此 E 可以看成 $K(u)[x]$ 中可分多项式的集合 S 在 $K(u)$ 上的分裂域. 由于 $[K(u):K]>1$, 从而 $[E:K(u)]=[E:K]/[K(u):K]<n$. 根据归纳假设, $E/K(u)$ 为伽罗瓦扩张. 特别地, $[E:K(u)]=|\operatorname{Aut}_{K(u)} E|$.

令 $p(x) \in K[x]$ 是 u 在 K 上的极小多项式. 则 $p(x) \mid f(x)$, 从而是 K 上可分多项式, 在 $E[x]$ 中可分解为

$$p(x)=(x-u_1)(x-u_2)\cdots(x-u_m),$$

其中 $u=u_1, u_2, \cdots, u_m$ 互不相同. 现考虑

$$\begin{aligned}
\Theta: \{\sigma K(u)' \mid \sigma \in \operatorname{Aut}_K E\} &\longrightarrow \{u_1, u_2, \cdots, u_m\}, \\
\sigma K(u)' &\mapsto \sigma(u).
\end{aligned}$$

由于任意 $\tau \in K(u)'$ 满足 $\tau(u)=u$, 因此 Θ 是良定义的. 另外如果 $\sigma_1, \sigma_2 \in \operatorname{Aut}_K E$ 满足 $\sigma_1(u)=\sigma_2(u)$, 那么 $\sigma_1^{-1}\sigma_2(u)=u$, 从而 $\sigma_1^{-1}\sigma_2 \in K(u)'$. 这导致 $\sigma_1 K(u)=\sigma_2 K(u)$. 因此 Θ 是单射. 另一方面, 由推论 3.18 可知 Θ 是满射, 从而是双射. 因此 $\deg p(x)=m=[\operatorname{Aut}_K E:K(u)']$. 注意, 这里 $K(u)'=\operatorname{Aut}_{K(u)} E$. 现在计算

$$\begin{aligned}
[E:K] &= [E:K(u)][K(u):K] \\
&= |\operatorname{Aut}_{K(u)} E| \cdot \deg p(x) \\
&= |K(u)'| \cdot [\operatorname{Aut}_K E:K(u)'] \\
&= |\operatorname{Aut}_K E|.
\end{aligned}$$

由推论 3.5, E/K 为有限伽罗瓦扩张.

情形 2 E/K 为无限扩张.

我们将证明, 对任意 $u \in E \backslash K$, 存在 $\sigma \in \mathrm{Aut}_K E$ 使得 $\sigma(u) \neq u$.

首先我们可以假设 S 中多项式都是不可约多项式, 如果不是, 可取 S 中多项式的所有不可约因式组成的集合 S', 则 S' 与 S 在 K 上有相同的分裂域. 假设 S 中多项式 (不可约) 在 E 中的根的全体为 W, 则 $E = K(W)$.

对任意 $u \in E \backslash K$, 存在有限多个 W 中的元素 $\alpha_1, \cdots, \alpha_n$ 使得

$$u \in K(\alpha_1, \cdots, \alpha_n).$$

令 $p_1(x), \cdots, p_n(x) \in S$ 分别以 $\alpha_1, \cdots, \alpha_n$ 为根. 记

$$f(x) = p_1(x) \cdots p_n(x).$$

令 $L \subseteq E$ 为 $f(x)$ 在 K 上的分裂域, 则

$$u \in K(\alpha_1, \cdots, \alpha_n) \subseteq L.$$

由于此时 $[L : K]$ 有限, 由情形 1, L/K 为伽罗瓦扩张, 从而存在 $\tau \in \mathrm{Aut}_K L$ 使得 $\tau(u) \neq u$. 由于 $\tau|_K = \mathrm{id}$, 因此 $\tau S = S$. E 可以分别看成 S 和 τS 在 L 上的分裂域, 由分裂域的唯一性, τ 可以拓展为 E 的自同构 σ. 此时 $\sigma|_K = \tau|_K = \mathrm{id}$, 即 $\sigma \in \mathrm{Aut}_K E$, 同时,

$$\sigma(u) = \sigma|_L(u) = \tau(u) \neq u.$$

所以 E/K 是伽罗瓦扩张. □

代数伽罗瓦扩张还有另外一种描述方式.

推论 4.3 E/K 为代数伽罗瓦扩张当且仅当 E/K 既是正规扩张又是可分扩张.

证明 上一章我们已经知道代数伽罗瓦扩张是正规扩张. 由引理 3.7, 代数伽罗瓦扩张也是可分扩张. 因此, 代数伽罗瓦扩张既是正规扩张又是可分扩张.

反过来, 如果 E/K 既是正规扩张又是可分扩张. 由 E/K 是正规扩张可知, 存在多项式的集合 $S \subseteq K[x]$ 使得 E 为 S 在 K 上的分裂域. 假设 $p(x)$ 为 S 中某个多项式的不可约因式, 则 $p(x)$ 在 $E[x]$ 中可分解为一次因式乘积, 从而在 E 中有根, 设为 u. 由于 E/K 为可分扩张, 因此 u 是 K 上的可分元, 其极小多项式 $p(x)$ 为 K 上的可分多项式. 因此 S 中多项式的不可约因式均为 K 上可分多项式, 即 S 中多项式均为可分多项式. 如此一来, E 为 K 上可分多项式的集合 S 在 K 上的分裂域, 根据定理 4.2, E/K 为代数伽罗瓦扩张. □

需要注意的是, 即使 L/K 和 E/L 都是代数伽罗瓦扩张, E/K 也未必是伽罗瓦扩张. 比如

$$\mathbb{Q}(\sqrt[4]{2})/\mathbb{Q}(\sqrt{2}), \quad \mathbb{Q}(\sqrt{2})/\mathbb{Q}$$

都是扩张次数为 2 的伽罗瓦扩张, 但 $[\mathbb{Q}(\sqrt[4]{2}):\mathbb{Q}]=4$, 而 $|\mathrm{Aut}_\mathbb{Q}\,\mathbb{Q}(\sqrt[4]{2})|=2$, 因此 $\mathbb{Q}(\sqrt[4]{2})/\mathbb{Q}$ 不是伽罗瓦扩张. 这个例子同时说明了正规扩张不像代数扩张一样满足传递性. 但我们还是有下面这个命题.

命题 4.4　假设 E/L 和 L/K 都是伽罗瓦扩张且每个 $\sigma\in\mathrm{Aut}_K L$ 都可以扩展为 E 的自同构, 那么 E/K 为伽罗瓦扩张.

证明　对任意 $u\in E\setminus K$, 若 $u\notin L$, 由 E/L 是伽罗瓦扩张, 存在 $\sigma\in\mathrm{Aut}_L E\leqslant\mathrm{Aut}_K E$, 使得 $\sigma(u)\neq u$. 若 $u\in L$, 由 L/K 是伽罗瓦扩张, 存在 $\tau\in\mathrm{Aut}_K L$, 使得 $\tau(u)\neq u$. 由假设 τ 可以拓展为 $\sigma\in\mathrm{Aut}_K E$, 即 $\sigma|_L=\tau$. 因此, $\sigma(u)=\tau(u)\neq u$. 故 E/K 是伽罗瓦扩张. $\square$

4.2　完　全　域

本节我们专注研究怎么判断一个多项式是否为可分多项式, 再看看有没有哪些域上的多项式全部都是可分多项式. 事实证明, 很多域 (完全域) 上的多项式都是可分多项式.

引理 4.5　域 K 上的不可约多项式 $p(x)$ 是 K 上的可分多项式当且仅当 $p'(x)\neq 0$.

证明　先证必要性. 令 u 为 $p(x)$ 在其分裂域中的一根, 则 $p(x)=(x-u)g(x)$, 从而

$$p'(x)=g(x)+(x-u)g'(x).$$

由于 $p(x)$ 可分, 因此 $(x-u)\nmid g(x)$, 从而 $(x-u)\nmid p'(x)$. 所以 $p'(x)\neq 0$.

再证充分性. 如果 $p(x)$ 不可分, 那么 $p(x)$ 在其分裂域中存在重根 u, 从而 $(x-u)\mid p'(x)$. 这样一来 u 也是 $p'(x)$ 的根. 由于 $p(x)$ 为 u 在 K 上的极小多项式, 因此 $p(x)\mid p'(x)$, 所以 $p'(x)=0$. $\square$

推论 4.6　如果域 K 的特征为 0, 那么 $K[x]$ 中多项式在 K 上都可分.

证明　对任意 $K[x]$ 中不可约多项式 $p(x)$, 由 K 的特征为 0 得 $p'(x)$ 为比 $p(x)$ 次数低一次的多项式, 非零. 由引理 4.5, $p(x)$ 在 K 上可分. 所以 $K[x]$ 中所有多项式在 K 上都是可分多项式. $\square$

定义 4.7　如果一个域 K 上的所有正次数多项式都是 K 上的可分多项式, 我们就称 K 为一个**完全域** (perfect field).

由上面的推论, 特征为零的域是完全域, 那正特征的域什么时候是完全域呢? 下面这个引理第一次告诉我们不可分多项式的样子.

引理 4.8　假设域 K 的特征为 $p > 0$, $a \in K$. 若存在 $b \in K$ 使得 $b^p = a$, 那么 $x^p - a$ 在 K 上可分, 否则 $x^p - a$ 在 K 上不可分.

证明　如果存在 $b \in K$ 使得 $b^p = a$, 则 $x^p - a = x^p - b^p = (x-b)^p$, 而 $x - b \in K[x]$ 可分, 从而 $x^p - a$ 可分.

下面假设不存在 $b \in K$ 使得 $b^p = a$. 令 E 为 $p(x) := x^p - a$ 在 K 上的分裂域, $u \in E$ 为 $p(x)$ 在 E 中的 m 重根, 即

$$p(x) = (x-u)^m g(x), \quad x - u \nmid g(x).$$

由 $0 = px^{p-1} = p'(x) = m(x-u)^{m-1}g(x) + g'(x)(x-u)^m$, 有

$$mg(x) = -g'(x)(x-u).$$

若 $1 \leqslant m < p$, 则 $x - u \mid g(x)$, 矛盾. 从而 $m = p$, $p(x) = (x-u)^p$. 现在 $p(x)$ 在 $K[x]$ 中的不可约因式必形如 $(x-u)^t$. 由 $u \notin K$ 知 $t > 1$, 从而 $K[x]$ 中不可约多项式 $(x-u)^t$ 在其分裂域中有重根, 在 K 上不可分. 所以 $p(x)$ 在 K 上不可分. □

这个引理给了我们一个寻找不可分多项式的方法.

例 4.9　令

$$K = \mathbb{Z}_p(t) = \left\{ \frac{g(t)}{h(t)} \,\middle|\, g(t), h(t) \in \mathbb{Z}_p[t], \ h(t) \neq 0 \right\}.$$

我们断言 $x^p - t$ 是 K 上的不可分多项式.

若存在 $b = \dfrac{g(t)}{h(t)}$ 使得 $b^p = t$, 则在 $\mathbb{Z}_p[t]$ 中有 $g^p(t) = h^p(t)t$. 然而两边的首项的次数不可能相等, 矛盾. 故 $x^p - t$ 在 K 上不可分, 从而其在 K 上的分裂域不是 K 的伽罗瓦扩张.

利用引理 4.5, 我们还可以刻画正特征的完全域.

定理 4.10　假设域 K 的特征为 $p > 0$, 那么 K 是完全域当且仅当对任意 $a \in K$ 都存在 $u \in K$ 使得 $u^p = a$.

证明　如果存在 $a \in K$ 使得不存在 $u \in K$ 使得 $u^p = a$, 根据引理 4.8, $x^p - a$ 在 K 上不可分, 从而 K 不是完全域.

现假设对任意 $a \in K$ 都存在 $u \in K$ 使得 $u^p = a$. 令 $p(x) \in K[x]$ 不可约. 若 $p(x)$ 不可分, 则由引理 4.5, 有 $p'(x) = 0$. 因此可假设

$$p(x) = \sum_{r=0}^{m} a_r x^{rp},$$

其中 $a_r \in K$. 对所有 r, 存在 $u_r \in K$, 使得 $u_r^p = a_r$, 从而

$$p(x) = \left(\sum_{r=0}^{m} u_r x^r \right)^p$$

是 $K[x]$ 中可约多项式, 矛盾. 因此所有 $K[x]$ 中的不可约多项式在 K 上可分, 即 K 是完全域. $\square$

总结起来

推论 4.11 一个域 K 是完全域当且仅当 K 的特征为 0, 或者 K 的特征为素数 p 且对 K 中任意元素 a 都存在 $u \in K$ 使得 $u^p = a$.

特别地, 我们有

推论 4.12 有限域是完全域.

证明 假设 K 是有限域, 元素个数为 p^m, 其中 p 为素数, m 为正整数. 对 $a \in K$, 若 $a = 0$, 令 $u = 0$ 有 $u^p = 0 = a$. 若 $a \neq 0$, 由于 K 中非零元组成 $p^m - 1$ 阶群, 因此 $a^{p^m - 1} = 1$. 令 $u = a^{p^{m-1}}$ 有

$$u^p = \left(a^{p^{m-1}} \right)^p = a^{p^m} = a.$$

根据定理 4.10, K 为完全域. $\square$

4.3 代数学基本定理

在这一节, 我们利用伽罗瓦理论的知识给出代数学基本定理的一个证明.

定理 4.13 (代数学基本定理) 任意非常数复系数多项式 $f(x)$ 在 $\mathbb{C}$ 中有根.

也就是说 $\mathbb{C}$ 是代数闭域. 利用伽罗瓦理论可以给出这个定理的代数证明, 只需要依赖两个非常简单的分析事实:

(1) 任意奇数次实系数多项式都有实数根;

(2) 任意非负实数都存在实数平方根.

引理 4.14 假设 F/K 为有限可分扩张. 则

(1) 存在有限扩张 E/F 使得 E/K 是伽罗瓦扩张;

(2) F/K 是单扩张.

证明 假设 $F = K(a_1, \cdots, a_m)$. 对 $i = 1, \cdots, m$, 令 $f_i(x)$ 为 a_i 在 K 上的极小多项式. 由于 F/K 是可分扩张, 因此这些多项式都可分. 令 E 为

$$f(x) := f_1(x) \cdots f_m(x)$$

在 F 上的分裂域. 则 E 同样是 $f(x)$ 在 K 上的分裂域. 由于 $f(x)$ 可分, 因此 E/K 为伽罗瓦扩张 (定理 4.2). 因此 $|\mathrm{Aut}_K E| = [E:K] < \infty$, 即 $\mathrm{Aut}_K E$ 是有限群, 从而只有有限多个子群. 由伽罗瓦基本定理 E/K 只有有限多个中间域.

如果 K 为有限域, 那么 F 也是有限域, 其非零元构成乘法循环群 (可参考下一章引理 5.10), 假设 u 是生成元, 则有 $F = K(u)$ 是单扩张. 假设 K 为无限域, 并假设 $u \in F$ 使得 $[K(u):K]$ 最大. 如果 $K(u) \neq F$, 那么存在 $v \in F \backslash K(u)$. 考虑 F/K 的中间域

$$L_\lambda := K(u + \lambda v), \quad \lambda \in K,$$

它们当然也是 E/K 的中间域. 由于 E/K 只有有限个中间域而 $\lambda \in K$ 有无限种选择 (K 是无限域), 因此存在不同的 $\lambda, \mu \in K$ 使得 $L_\lambda = L_\mu$. 因此

$$(\lambda - \mu)v = (u + \lambda v) - (u + \mu v) \in L_\lambda = K(u + \lambda v),$$

从而 $v \in K(u + \lambda v)$, $u = (u + \lambda v) - \lambda v \in K(u + \lambda v)$. 所以 $K(u) \subsetneq K(u + \lambda v)$. 由此 $K(u + \lambda v)$ 是 F/K 的中间域且 $[K(u + \lambda v):K] > [K(u):K]$, 与 $[K(u):K]$ 的最大性矛盾. 所以 $F = K(u)$ 为单扩张. $\qquad\square$

注意到每个复数 z 都可以写成 $r(\cos\theta + \mathrm{i}\sin\theta)$ 的形式, 其中 $r \geqslant 0$. 令

$$c = \sqrt{r}\left(\cos\frac{\theta}{2} + \mathrm{i}\sin\frac{\theta}{2}\right),$$

则有 $c^2 = z$, 记 $c = \sqrt{z}$. 即每个复数都有平方根. 这导致一个基本的事实: $\mathbb{C}$ 没有 2 次扩张. 实际上, 如果 $F/\mathbb{C}$ 是 2 次扩张, 必为单扩张 $F = \mathbb{C}(u)$ 且 u 的极小多项式为 $\mathbb{C}[x]$ 中二次不可约多项式 $x^2 + ax + b$. 但 $x^2 + ax + b$ 在 $\mathbb{C}$ 中有根

$$\frac{-a \pm \sqrt{a^2 - 4b}}{2},$$

从而在 $\mathbb{C}[x]$ 中可约, 造成矛盾.

现在我们已经做好了所有的准备工作, 下面来证明代数学基本定理.

代数学基本定理的证明　我们证明 $\mathbb{C}$ 是代数闭. 假设 $F/\mathbb{C}$ 是有限扩张. 则 $F/\mathbb{R}$ 为有限可分扩张. 由引理 4.14, 存在有限扩张 E/F 使得 $E/\mathbb{R}$ 为有限伽罗瓦扩张. 此时 $|\mathrm{Aut}_{\mathbb{R}} E| = |E:\mathbb{R}|$ 被 $[\mathbb{C}:\mathbb{R}] = 2$ 整除, 必为偶数. 假设 H 是 $\mathrm{Aut}_{\mathbb{R}} E$ 的西罗 2 子群. 则

$$[H':\mathbb{R}] = [H':(\mathrm{Aut}_{\mathbb{R}} E)'] = [\mathrm{Aut}_{\mathbb{R}} E:H]$$

是奇数. 由引理 4.14, $H'/\mathbb{R}$ 是单扩张, 从而 $H' = \mathbb{R}(u)$ 且 u 在 $\mathbb{R}$ 上的极小多项式 $p(x)$ 的次数与 $[H':\mathbb{R}]$ 相等, 从而为奇数. 但奇数次实系数多项式在 $\mathbb{R}$ 中有

根, 这迫使 $p(x)$ 为一次多项式, 否则 $p(x)$ 在 $\mathbb{R}[x]$ 中可约, 从而产生矛盾. 所以 $[H' : \mathbb{R}] = 1$, 即 $H' = \mathbb{R}$. 因此 $\mathrm{Aut}_{\mathbb{R}} E = H$ 是 2 群.

假设 $|\mathrm{Aut}_{\mathbb{R}} E| = 2^n$. 则 $\mathrm{Aut}_{\mathbb{C}} E \leqslant \mathrm{Aut}_{\mathbb{R}} E$ 阶数为 2^m. 如果 $F \neq \mathbb{C}$, 那么 $|\mathrm{Aut}_{\mathbb{C}} E| = [E : \mathbb{C}] > 1$. 此时 $m > 0$, 从而 $\mathrm{Aut}_{\mathbb{C}} E$ 存在 2^{m-1} 阶子群 N. 由伽罗瓦基本定理 $[N' : \mathbb{C}] = [\mathrm{Aut}_{\mathbb{C}} E : N] = 2$. 这与 $\mathbb{C}$ 没有二次扩张矛盾. 因此 $F = \mathbb{C}$. $\square$

习　题

1. 设 $\mathrm{char}\, K = p > 0$. 证明 $u \in E$ 是 K 上的可分元当且仅当 $K(u) = K(u^p)$.

2. 设 $\mathrm{char}\, K = p > 0$, $[E : K]$ 有限且不能被 p 整除. 证明 E/K 是可分扩张.

3. 设 u 在 K 上可分, v 在 $K(u)$ 上可分. 证明 v 在 K 上可分.

4. 设 $f \in K[x]$ 为 $m \neq 0$ 次不可约多项式, 且 $\mathrm{char}\, K$ 不能整除 m. 证明 f 为可分多项式.

5. 设 $u_1, \cdots, u_n$ 是 K 上的可分元. 证明 $K(u_1, \cdots, u_n)/K$ 是可分扩张.

6. 令 $E = K(u, v)$ 其中 u, v 为 K 上的代数元, 且 u 是 K 上的可分元. 证明 E/K 是单扩张.

7. 设 E/K 为代数扩张.

(1) 如果 K 为完全域, 问 E 是否为完全域?

(2) 如果 E 为完全域, 问 K 是否为完全域?

8. 设 L 和 M 是域扩张 F/K 的两个中间域, 且 L/K 是有限伽罗瓦扩张. 证明 LM/M 也是有限伽罗瓦扩张, 且 $\mathrm{Aut}_M LM \cong \mathrm{Aut}_{L \cap M} L$.

9. 设 $u \in \mathbb{R}$, $n \in \mathbb{N}_+$. 若 $u^n \in \mathbb{Q}$ 且 $(u + 1)^n \in \mathbb{Q}$, 证明 $u \in \mathbb{Q}$. (提示: 考虑 $\mathbb{Q}(u, \zeta)/\mathbb{Q}$, 其中 ζ 为 n 次本原单位根.)

第 5 章 多项式的伽罗瓦群

这一章, 我们来讨论求一个多项式的伽罗瓦群的方法, 并讨论一些特殊多项式的伽罗瓦群.

5.1 伽罗瓦群的基本特点

设 K 是一个域, $f(x) \in K[x]$, E 是 $f(x)$ 在 K 上的分裂域. 我们的问题是, 对于给定的 $f(x)$, 如何求 $\mathrm{Gal}(f) := \mathrm{Aut}_K E$ 呢?

在第 2 章 (推论 2.17), 我们已经讨论过, 假设 $f(x)$ 在 E 中所有互不相同的根为 $u_1, \cdots, u_n$, 那么任意 $\sigma \in \mathrm{Aut}_K E$ 给出 $u_1, \cdots, u_n$ 的一个置换, 从而诱导群同态

$$\pi : \mathrm{Aut}_K E \longrightarrow S(\{u_1, \cdots, u_n\}) \qquad \cong S_n,$$

$$\sigma \longmapsto \begin{pmatrix} u_1 & \cdots & u_n \\ \sigma(u_1) & \cdots & \sigma(u_n) \end{pmatrix} \mapsto \begin{pmatrix} 1 & \cdots & n \\ \sigma(1) & \cdots & \sigma(n) \end{pmatrix},$$

其中 $\sigma(u_i) = u_{\sigma(i)}$, 且 $\mathrm{Ker}\,\pi = \{\mathrm{id}\}$, 因此 π 是单射, $\mathrm{Gal}(f)$ 同构于 S_n 的一个子群, 是有限群.

对称群 S_n 的一个子群 H 称为**可迁子群** (transitive subgroup), 如果对任意 $i = 1, \cdots, n$ 都存在 $\sigma \in H$ 使得 $\sigma(1) = i$. 对于不可约可分多项式, 其伽罗瓦群有下面的重要性质.

命题 5.1   假设 $K f(x) \in K[x]$ 是域 K 上不可约、可分多项式. 那么

(1) $\deg f(x) \mid |\mathrm{Gal}(f)|$;

(2) $\mathrm{Gal}(f)$ 同构于 S_n 的一个可迁子群, 其中 $n = \deg f(x)$.

证明   假设 E 为 $f(x)$ 在 K 上的分裂域.

(1)　令 u 为 $f(x)$ 在其 E 中的一个根, 则 $[K(u):K]=\deg f(x)$. 由于 $f(x)$ 在 K 上可分, 根据定理 4.2, E/K 是伽罗瓦扩张, 故 $[E:K]=|\operatorname{Aut}_K E|=|\operatorname{Gal}(f)|$. 由于

$$[E:K]=[E:K(u)]\cdot[K(u):K]=[E:K(u)]\cdot\deg f(x),$$

所以 $\deg f(x) \mid |\operatorname{Gal}(f)|$.

(2)　假设 $f(x)$ 在 $E[x]$ 中分解为

$$f(x)=a(x-u_1)\cdots(x-u_n).$$

因为 $f(x)$ 为 K 上可分多项式, 因此 $u_1,\cdots,u_n$ 互不相同. 根据引理 2.16, $\operatorname{Gal}(f)$ 中元素 σ 给出 $u_1,\cdots,u_n$ 的一个置换. 考虑群同态

$$\pi:\operatorname{Aut}_K E\longrightarrow S(\{u_1,\cdots,u_n\}),$$

$$\sigma\longmapsto\begin{pmatrix}u_1&\cdots&u_n\\\sigma(u_1)&\cdots&\sigma(u_n)\end{pmatrix}.$$

如果 $\pi(\sigma)=e$, 则 σ 固定所有 $u_i,i=1,\cdots,n$, 从而 $\sigma=\operatorname{id}$. 所以 π 是单射, 从而 $\operatorname{Gal}(f)\cong\operatorname{Im}\pi$ 同构于 S_n 的一个子群. 根据推论 3.18, 对任意 u_i,u_j 都存在 $\sigma\in\operatorname{Aut}_K E=\operatorname{Gal}(f)$ 使得 $\sigma(u_i)=u_j$. 因此 $\operatorname{Gal}(f)$ 在 $u_1,\cdots,u_n$ 上的作用是可迁的, 从而 $\operatorname{Gal}(f)\cong\operatorname{Im}\pi$ 同构于 S_n 的一个可迁子群. □

对于 S_n 的可迁子群情况, 当 $n\leqslant 4$ 时, 可见表 5-1.

表 5-1　S_n 的可迁子群 $(n\leqslant 4)$

S_n	S_n 的可迁子群
S_2	S_2
S_3	S_3, A_3
S_4	S_4, A_4, K_4, D_4, C_4 及其共轭

比如 $f(x)=x^3-2\in\mathbb{Q}[x]$ 是不可约、可分多项式, 根据表 5-1, $\operatorname{Gal}(f)$ 同构于 A_3 或 S_3. 由于 $f(x)$ 的分裂域 $E:=\mathbb{Q}(\sqrt[3]{2},\omega)$ 是 $\mathbb{Q}$ 的 6 次扩张, 因此 $|\operatorname{Gal}(f)|=[E:\mathbb{Q}]=6$. 所以 $\operatorname{Gal}(f)\cong S_3$.

5.2　低次多项式的伽罗瓦群

对于域 K 上 2 次不可约多项式 $f(x)\in K[x]$, 其伽罗瓦群是很容易确定的. 如果 $f(x)$ 可分, $\operatorname{Gal}(f)$ 是 S_2 的可迁子群, 此时 $\operatorname{Gal}(f)=S_2$. 如果 $f(x)$ 不可

分, 那么 $f(x)$ 在其分裂域中有分解 $f(x) = (x - \alpha)^2$, 由于 $\mathrm{Gal}(f)$ 中元素必然将 $f(x)$ 的根映为 $f(x)$ 的根, 所以 $\sigma(\alpha) = \alpha$ 对所有 $\sigma \in \mathrm{Gal}(f)$ 成立. 所以 $\sigma = \mathrm{id}$. $\mathrm{Gal}(f) = \{\mathrm{id}\}$.

定义 5.2 对于域 K 上的 n 次多项式 $f(x)$, 假设 $f(x)$ 在其分裂域中可分解为

$$f(x) = a \prod_{i=1}^{n} (x - u_i).$$

我们定义 $f(x)$ 的**判别式** (discriminant) 为

$$\Delta^2 = \prod_{i < j} (u_i - u_j)^2.$$

由于 Δ^2 是关于 $u_1, \cdots, u_n$ 的对称多项式, 由根与系数关系可得 $\Delta^2 \in K$.

显然 $f(x)$ 在分裂域中有重根当且仅当其判别式 $\Delta^2 = 0$.

引理 5.3 假设域 K 的特征不为 2, $f(x)$ 是 $K[x]$ 中可分的 n 次不可约多项式, Δ^2 是其判别式. 则 $\sigma \in \mathrm{Gal}(f)$ 满足 $\sigma(\Delta) = \Delta$ 当且仅当 $\sigma \in A_n$. 特别地, $\mathrm{Gal}(f) \leqslant A_n$ 当且仅当 $\Delta \in K$.

证明 由于 $f(x)$ 可分且不可约, 因此在其分裂域中无重根, 从而

$$\Delta = \prod_{i < j} (u_i - u_j) \neq 0.$$

显然 $\sigma(\Delta) = \Delta$ 当且仅当 σ 在 $u_1, \cdots, u_n$ 的置换为偶置换, 即 $\sigma \in A_n$.

如果 $\Delta \in K$, 那么所有 $\mathrm{Gal}(f)$ 中元素 σ 都满足 $\sigma(\Delta) = \Delta$. 因此 $\mathrm{Gal}(f) \leqslant A_n$. 反过来, 如果 $\mathrm{Gal}(f) \leqslant A_n$, 则 $\sigma(\Delta) = \Delta$ 对所有 $\sigma \in \mathrm{Gal}(f)$ 成立. 由于 $f(x)$ 可分, 其在 K 上分裂域为 K 上伽罗瓦扩张, 所以 $\Delta \in K$. $\qquad\square$

推论 5.4 假设域 K 的特征不为 2, $f(x)$ 是 $K[x]$ 中可分的 3 次不可约多项式, Δ^2 是其判别式. 则

$$\mathrm{Gal}(f) = \begin{cases} A_3, & \Delta \in K, \\ S_3, & \Delta \notin K. \end{cases}$$

证明 由命题 5.1, $\mathrm{Gal}(f)$ 为 S_3 的可迁子群, 即 A_3 或者 S_3. 由引理 5.3 可得 $\mathrm{Gal}(f) = A_3$ 当且仅当 $\Delta \in K$. $\qquad\square$

例 5.5 比如 $f(x) = x^3 - 4x + 2 \in \mathbb{Q}[x]$. 直接计算可知, 三次多项式 $x^3 + px + q$ 的判别式为 $\Delta^2 = -4p^3 - 27q^2$. 所以 $f(x)$ 的判别式为 $\Delta^2 = -4 \times (-4)^3 - 27 \times 2^2 = 148$. 显然 $\Delta = \pm 2\sqrt{37} \notin \mathbb{Q}$. 由艾森斯坦因判别法, $f(x)$ 在 $\mathbb{Q}[x]$ 中不可约. 根据推论 5.4 得 $\mathrm{Gal}(f) = S_3$.

假设域 K 的特征不为 2, 对于域 K 上可分的 4 次不可约多项式

$$f(x) = x^4 + ax^3 + bx^2 + cx + d,$$

可用 $x - \dfrac{a}{4}$ 替换 x, 将其化为 $f_1(x) = x^4 + px^2 + qx + r$ 的形式, 并且 $f(x)$ 与 $f_1(x)$ 的根之间相差 $\dfrac{a}{4} \in K$, 从而有相同的分裂域和相同的伽罗瓦群. 不妨假设 $f(x) = x^4 + px^2 + qx + r$. 假设 $f(x)$ 在其分裂域 E 中的 4 个根为 u_1, u_2, u_3, u_4. 由于 $f(x)$ 可分, 这四个根互不相同. 考虑

$$\begin{aligned} \alpha &= (u_1 + u_2)(u_3 + u_4), \\ \beta &= (u_1 + u_3)(u_2 + u_4), \\ \gamma &= (u_1 + u_4)(u_2 + u_3). \end{aligned}$$

由于 u_1, u_2, u_3, u_4 互不相同, 容易验证 α, β, γ 也互不相同. 实际上

$$\alpha - \beta = (u_1 - u_4)(u_3 - u_2) \neq 0,$$

所以 $\alpha \neq \beta$. 类似地可以证明 $\alpha \neq \gamma, \beta \neq \gamma$.

在伽罗瓦扩张 E/K 中考虑中间域 $K(\alpha, \beta, \gamma)$. 容易发现 $\sigma \in S_4$ 固定 α, β, γ 当且仅当 $\sigma \in K_4 = \{e, (12)(34), (13)(24), (14)(23)\}$. 因此

$$\mathrm{Gal}(f) \cap K_4 = K(\alpha, \beta, \gamma)'.$$

同时 $K(\alpha, \beta, \gamma)$ 是多项式

$$g(x) = (x - \alpha)(x - \beta)(x - \gamma) = x^3 - 2px^2 + (p^2 - 4r)x + q^2$$

在 K 上的分裂域. 由于 α, β, γ 互不相同, 因此 $g(x)$ 可分, $K(\alpha, \beta, \gamma)$ 是 K 上的伽罗瓦扩张, 从而

$$m = [K(\alpha, \beta, \gamma) : K] = |\mathrm{Aut}_K K(\alpha, \beta, \gamma)|.$$

由于 $\mathrm{Aut}_K K(\alpha, \beta, \gamma)$ 是 S_3 的子群, 所以 $m \mid 6$.

定理 5.6　假设域 K 特征不为 2, $f(x) = x^4 + px^2 + qx + r$ 是 $K[x]$ 中可分的不可约多项式. 保持上面的记号, 下列结论成立:

(1) $\mathrm{Gal}(f) = S_4$ 当且仅当 $m = 6$, 即 $g(x)$ 在 $K[x]$ 中不可约且其判别式在 K 中无平方根;

(2) $\mathrm{Gal}(f) = A_4$ 当且仅当 $m = 3$, 即 $g(x)$ 在 $K[x]$ 中不可约且其判别式在 K 中存在平方根;

(3) $\mathrm{Gal}(f) = K_4$ 当且仅当 $m = 1$, 即 $g(x)$ 在 $K[x]$ 中可分解为一次因式乘积;

(4) $\mathrm{Gal}(f) \cong C_4 = \langle(1234)\rangle$ 当且仅当 $m = 2$ 且 $f(x)$ 在 $K(\alpha,\beta,\gamma)$ 上可约;

(5) $\mathrm{Gal}(f) \cong D_4$ 当且仅当 $m = 2$ 且 $f(x)$ 在 $K(\alpha,\beta,\gamma)$ 上不可约.

证明 为了记号方便, 我们记 $G = \mathrm{Gal}(f)$, $L = K(\alpha,\beta,\gamma)$. 由于 L/K 是伽罗瓦扩张, 根据伽罗瓦基本定理,

$$\mathrm{Gal}(g) = \mathrm{Aut}_K L \cong G/L' = G/(G \cap K_4).$$

由命题 5.1, G 是 S_4 的可迁子群, 即 S_4, A_4, K_4, D_4, C_4 及其共轭子群. 所以 $4 \mid |G|$.

如果 $m = 6$ 或者 3, 即 $\mathrm{Aut}_K L$ 为 S_3 或者 $A_3 = \langle(123)\rangle$. 此时 $3 \mid |G|$, 从而 $12 \mid |G|$. 此时 G 为 S_4 或者 A_4. 当 $G = A_4$ 时, $G/(G \cap K_4) = G/K_4$ 是 3 阶群, 即 $m = 3$. 当 $G = S_4$ 时, $G/(G \cap K_4)$ 是 6 阶群, 即 $m = 6$. 结合推论 5.4 可得 (1), (2).

注意到 G 是 S_4 的可迁子群. 显然 $m = 1$ 当且仅当 $G \leqslant K_4$, 当且仅当 $G = K_4$, 当且仅当 $\mathrm{Gal}(g) = \mathrm{Aut}_K L$ 是平凡群, 当且仅当 $g(x)$ 在 $K[x]$ 中可分解为一次因式的乘积. 因此结论 (3) 成立.

当 $m = 2$ 时, G 只剩下两种选择: 同构于 D_4 或者 C_4. 现在考虑 $L(u_1)$, 由于 $L(u_1)'$ 为 $\mathrm{Gal}(f)$ 中固定 $\alpha, \beta, \gamma, u_1$ 的元素构成, 这样的元素只能是 K_4 中固定 u_1 的元素, 只能是 id. 所以 $L(u_1)' = \{\mathrm{id}\}$, 从而 $E = L(u_1)$, 因此

$$|G| = [E : K] = [E : L][L : K] = [L(u_1) : L]m = 2[L(u_1) : L].$$

所以 $f(x)$ 在 $L[x]$ 中不可约当且仅当 $[L(u_1) : L] = \deg f(x) = 4$, 即 $|G| = 8$, 当且仅当 $G \cong D_4$. 否则 $G \cong C_4$. $\qquad\square$

5.3 布饶尔构造

让人比较好奇的是, 有没有伽罗瓦群为 $S_n, n \geqslant 5$ 的多项式? 我们先来看看怎么确定一个 S_n 的子群就是 S_n 自己.

引理 5.7 如果 S_n 的子群 G 含 $(12\cdots n)$ 和对换 (ab) 且 $b - a$ 与 n 互素, 则 $G = S_n$. 特别地, 当 n 为素数时, 如果 G 包含一个 n 循环和一个对换, 则有 $G = S_n$.

证明 记 $\sigma = (12\cdots n)$. 不妨设 $b > a$, 则 $\sigma^{b-a}(a) = b$. 另一方面, 由于 $b - a$ 与 n 互素, 因此 σ^{b-a} 依然为一个 n 循环. 所以 σ^{b-a} 形如 $(abi_3\cdots i_n)$. 由

对称群的性质 $S_n = \langle (12), (12 \cdots n) \rangle$ 可得

$$S_n = \langle (ab), (abi_3 \cdots i_n) \rangle \leqslant G.$$

所以 $G = S_n$. □

定理 5.8   设 p 是一个素数, $f(x) \in \mathbb{Q}[x]$ 不可约, $\deg f(x) = p$. 若 $f(x)$ 在 $\mathbb{C}$ 中恰有两个虚根, $p - 2$ 个实根, 则 $\mathrm{Gal}(f) \cong S_p$.

证明   由命题 5.1, $\mathrm{Gal}(f)$ 同构到 S_p 的一个可迁子群, 且 $p \mid \mathrm{Gal}(f)$. 故 $\mathrm{Gal}(f)$ 中有 p 阶元 σ, 必为 p 循环, 可对 $f(x)$ 的根重新排序使得 $\sigma = (12 \cdots p)$. 设 $f(x)$ 虚根为 u_1, u_2, 实根为 $u_3, \cdots, u_p$. 考虑扩张链

$$\mathbb{Q} \subseteq L = \mathbb{Q}(u_3, \cdots, u_p) \subseteq E.$$

由于 $f(x)$ 的虚根彼此共轭, 因此 $\overline{u}_1 = u_2$. 从而复数的共轭给出 E 的 L 自同构, 也是 $\mathbb{Q}$ 自同构, 从而 $\mathrm{Gal}(f)$ 中存在对换. 由引理 5.7 可知 $\mathrm{Gal}(f) \cong S_p$. □

布饶尔 (Richard Dagobert Brauer, 1901—1977) 给出了构造满足定理 5.8 条件多项式的方法: 假设 $k \geqslant 1$ 为奇数, $n_1 < n_2 < \cdots < n_k$ 均为偶数, m 是正偶数, 考虑多项式

$$g(x) = (x^2 + m)(x - n_1)(x - n_2) \cdots (x - n_k), \quad f(x) = g(x) - 2.$$

容易发现 $g(x)$ 恰有 k 个实根, 两个虚根, 但 $g(x)$ 是可约的. $f(x)$ 由 $g(x)$ 的图像向下平移得到, 对 $g(x)$ 展开可发现 $f(x)$ 具有如下形式:

$$f(x) = x^{k+2} + a_{k+1}x^{k+1} + \cdots + a_1 x + (-1)^k m n_1 n_2 \cdots n_k - 2.$$

除首项外, 其他项系数都被 2 整除, 但常数项不被 2^2 整除. 用艾森斯坦因判别法, $f(x)$ 是 $\mathbb{Q}[x]$ 中不可约多项式. 现在我们适当选取 m, 使得 $f(x)$ 恰好有 k 个实根.

首先对于 $g(x)$ 来说, 在区间 $(n_1, n_2), (n_3, n_4), \cdots, (n_{k-2}, n_{k-1})$ 内函数值大于零, 有极大值点. 这些区间都含有奇数, 对任意奇数 h, $|g(h)| \geqslant h^2 + m > 2$, 因此这些极大值都大于 2. 因此 $f(x) = g(x) - 2$ 至少有 k 个互不相同的实根. 如图 5-1 所示.

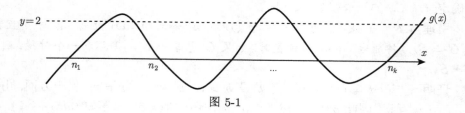

图 5-1

假设 $f(x)$ 在复数域中所有根为 $\xi_1, \xi_2, \cdots, \xi_{k+2}$, 根据根与系数关系可得

$$\sum_{i=1}^{k+2} \xi_i^2 = \left(\sum_{i=1}^{k+2} \xi_i\right)^2 - 2\sum_{i<j} \xi_i\xi_j = \left(\sum_{i=1}^{k} n_i\right)^2 - 2\left(m + \sum_{i<j} n_i n_j\right) = \sum_{i=1}^{k} n_i^2 - 2m.$$

当 $2m > \sum_{i=1}^{k} n_i^2$ 时, $f(x)$ 所有根的平方和为负, 必有虚根. 但前面已经知道 $f(x)$ 至少有 k 个实根. 因此此时 $f(x)$ 恰有 k 个实根. 如果 $k+2$ 碰巧是素数的话, 那么 $f(x)$ 就满足定理 5.8 的条件, 伽罗瓦群是 S_{k+2}.

推论 5.9(布饶尔构造)　假设 p 为奇素数, $n_1 < n_2 < \cdots < n_{p-2}$ 为偶数, m 是满足 $2m > \sum_{i=1}^{p-2} n_i^2$ 的偶数. 则 $f(x) = (x^2+m)(x-n_1)(x-n_2)\cdots(x-n_{p-2}) - 2$ 的伽罗瓦群为 S_p.

5.4　分　圆　域

这一节我们研究形如 $x^n - a$ 的多项式的伽罗瓦群. 先考虑最简单的情形: $x^n - 1 \in K[x]$, K 是域. 如果 $\operatorname{char} K = p \mid n$, 假设 $n = p^r m$ 且 $p \nmid m$, 那么 $x^n - 1 = (x^m - 1)^{p^r}$. 因此 $x^n - 1$ 和 $x^m - 1$ 在 K 上的分裂域相同.

现在我们不妨假设 $p \nmid n$. 假设 E 为 $x^n - 1$ 在 K 上的分裂域. 由于

$$(x^n - 1)' = nx^{n-1} \neq 0, \quad (x^n - 1, nx^{n-1}) = 1,$$

所以 $x^n - 1$ 在 E 上只有单根, 为可分多项式, 因此 E/K 是伽罗瓦扩张. 令 G 为 $x^n - 1$ 在 E 中的所有根构成的集合, 则 $|G| = n$. 对任意 $u, v \in G$,

$$\left(uv^{-1}\right)^n = u^n v^{-n} = 1 \cdot 1^{-1} = 1,$$

所以 G 是 $E^* := E \setminus \{0\}$ 的子群. 我们断言 G 是循环群. 更一般地, 我们有下面的引理.

引理 5.10　假设 L 为域, H 为乘法群 L^* 的有限子群, 则 H 为循环群.

证明　令 $m := \max\{o(u) \mid u \in H\}$ 并假设 $v \in H$ 的阶为 m. 此时由 v 生成的循环群 $\langle v \rangle$ 为 H 的 m 阶子群. 我们断言 $H = \langle v \rangle$, 只需证明 $|H| \leqslant m$ 即可.

首先我们断言对任意 $u \in G$ 有 $o(u) \mid m$. 否则, 存在素数 p, 使得 $m = p^i s, (p,s) = 1, o(u) = p^j t$ 且 $j > i$. 此时, 令 $a = u^t, b = v^{p^i}$, 则有

$$o(a) = \frac{o(u)}{(t, o(u))} = p^j, \quad o(b) = \frac{m}{(p^i, m)} = s,$$

从而 $o(ab) = p^j s > m$, 产生矛盾. 因此 $u^m = 1$, 从而 H 中所有元素均为 $x^m - 1$ 在 L 中的根, 从而 $|H| \leqslant m$. 因此 $H = \langle v \rangle$ 是循环群. □

现设 G 的生成元为 ξ, 即 $\langle \xi \rangle = G$, $\xi^n = 1$, 且对任意 $r < n$, $\xi^r \neq 1$. 这样的 ξ 称为 n 次 **本原单位根** (nth primitive root of unit). 由 $G = \langle \xi \rangle$ 可知 $x^n - 1$ 在 K 上的分裂域 $E = K(\xi)$.

一般地, 如果 ξ 是 n 次本原单位根, 那么对任意 $d \mid n$, $\xi^{n/d}$ 是 d 次本原单位根.

定理 5.11   设 K 是一个域, $\operatorname{char} K \nmid n$. E 为 $x^n - 1$ 在 K 上的分裂域, 则

(1) $E = K(\xi)$, 其中 ξ 为 n 次本原单位根;

(2) $\operatorname{Aut}_K E$ 同构于 U_n 的一个子群, 这里 U_n 为环 $\mathbb{Z}_n$ 中可逆元构成的群, 特别地, $|\operatorname{Aut}_K E|$ 整除 $\varphi(n)$, 其中 $\varphi(n)$ 为欧拉函数.

证明   在定理前的讨论中, 我们已经证明了 (1). 对于 (2), 对任意 $\sigma \in \operatorname{Aut}_K E$, $x^n - 1$ 的根在 σ 下的像依然是 $x^n - 1$ 的根. 令 $G = \langle \xi \rangle$ 为 $x^n - 1$ 在 E 中全部根的集合, 则 $\sigma(G) \subseteq G$. 由于 G 为有限集而 σ 为单射且保持乘法, 因此 $\sigma : G \longrightarrow G$ 为群的自同构. 由此, 我们得到群同态

$$\pi : \operatorname{Aut}_K E \longrightarrow \operatorname{Aut} G, \quad \sigma \mapsto \sigma|_G.$$

如果 $\sigma|_G = \operatorname{id}$, 则 $\sigma(\xi) = \xi$, 从而 $\sigma(a) = a$ 对所有 $a \in E = K(\xi)$ 成立, 即 $\sigma = \operatorname{id}$. 因此 $\operatorname{Ker} \pi = \{\operatorname{id}\}$, π 为单射, 由于 $G \cong \mathbb{Z}_n$,

$$\operatorname{Aut} G \cong \operatorname{Aut}(\mathbb{Z}_n) \cong U_n,$$

所以 $\operatorname{Aut}_K E$ 同构于 U_n 的一个子群. 由于 $|U_n| = \varphi(n)$, 由拉格朗日定理得 $|\operatorname{Aut}_K E|$ 整除 $\varphi(n)$.   □

假设域 K 的特征不整除正整数 n, E 为 $x^n - 1$ 在 K 上的分裂域, 定义

$$\Phi_n(x) = \prod_{1 \leqslant r \leqslant n, \ (r, n) = 1} (x - \xi^r).$$

对任意 $\sigma \in \operatorname{Aut}_K E$, σ 置换这些 n 次本原单位根, 故 $\Phi_n(x)$ 的系数被 σ 固定. 由于 E/K 为伽罗瓦扩张, 所以 $\Phi_n(x) \in K[x]$. 称 $\Phi_n(x)$ 为 n 次 **分圆多项式** (cyclotomic polynomial). 例如, 当 $K = \mathbb{Q}$ 时, 有

$$\Phi_1(x) = x - 1, \qquad \Phi_2(x) = x + 1,$$
$$\Phi_3(x) = x^2 + x + 1, \quad \Phi_4(x) = x^2 + 1.$$

命题 5.12   假设域 K 的特征不整除正整数 n. 那么

(1) $x^n - 1 = \prod_{d \mid n} \Phi_d(x)$;

(2) $\Phi_n(x) \in P[x]$, 其中 P 是 K 的素域, 若 $K = \mathbb{Q}$, 则 $\Phi_n(x) \in \mathbb{Z}[x]$;

(3) $\deg \Phi_n(x) = \varphi(n)$.

证明   (1) 假设 G 为 $x^n - 1$ 在 K 上分裂域 E 中所有根的集合, 由前面的讨论, G 为由 n 次本原单位根 ξ 生成的循环群. 对任意 $d \mid n$,

$$G_d := \{u \in G \mid o(u) = d\} = \{\xi^i \mid (i, n) = n/d\}$$

恰为 E 中的所有 d 次本原单位根, 都属于 $x^d - 1$ 在 K 上的分裂域 $K(\xi^{n/d})$. 因此

$$\Phi_d(x) = \prod_{u \in G_d} (x - u).$$

由此

$$x^n - 1 = \prod_{u \in G} (x - u) = \prod_{d \mid n} \prod_{u \in G_d} (x - u) = \prod_{d \mid n} \Phi_d(x).$$

当 $d = n$ 时, 有 $\deg \Phi_n(x) = |G_n| = \varphi(n)$. 这就证明了 (1) 和 (3).

(2) 对 n 进行数学归纳法. 当 $n = 1$ 时 $\Phi_1(x) = x - 1$ 成立. 当 $n > 1$ 时, 有

$$\Phi_n(x) = \frac{x^n - 1}{\prod_{d < n, d \mid n} \Phi_d(x)}.$$

由归纳假设, $\prod_{d \mid n,\, d < n} \Phi_d(x) \in P[x]$, 从而 $\Phi_n(x) \in P[x]$. 当 $K = \mathbb{Q}$ 时, 可在归纳过程中假设 $\Phi_n(x) \in \mathbb{Z}[x]$ 为首一整系数多项式, 由高斯引理得 $\Phi_n(x)$ 为首一整系数多项式. □

对有理数域上的分圆多项式, 我们有下面的结论.

定理 5.13   对有理数域 $\mathbb{Q}$, 下面结论成立.

(1) $\Phi_n(x)$ 在 $\mathbb{Q}[x]$ 中不可约;

(2) 设 E 为 $x^n - 1$ 在 $\mathbb{Q}$ 上的分裂域, 则

$$[E : \mathbb{Q}] = |\mathrm{Aut}_{\mathbb{Q}} E| = \varphi(n) = \deg \Phi_n(x);$$

(3) $\mathrm{Gal}(x^n - 1) = \mathrm{Gal}\,\Phi_n(x) \cong U_n$.

证明   设 ξ 是 n 次本原单位根, 则 $x^n - 1$ 在 $\mathbb{Q}$ 上的分裂域为 $\mathbb{Q}(\xi)$. 令 $f(x) \in \mathbb{Q}[x]$ 是 ξ 的首一极小多项式, 有 $f(x) \mid \Phi_n(x)$. 由于 $\Phi_n(x) \in \mathbb{Z}[x]$, 由高斯引理 $f(x)$ 也是整系数多项式. 首先, 如果能证明 $f(x) = \Phi_n(x)$, 那么 $\Phi_n(x)$ 不可约, 且 $[E : \mathbb{Q}] = \deg \Phi_n(x) = \varphi(n)$, 由定理 5.11, $x^n - 1$ 在 $\mathbb{Q}$ 上的伽罗瓦群同构于 U_n 的一个子群, 结合伽罗瓦基本定理,

$$|\mathrm{Gal}(x^n - 1)| = |\mathrm{Aut}_{\mathbb{Q}} E| = [E : \mathbb{Q}] = \varphi(n) = |U_n|.$$

因此 $\mathrm{Gal}(x^n - 1) \cong U_n$.

因此, 我们只需要证明 $f(x) = \Phi_n(x)$ 即可. 我们首先断言:

若 α 是 $f(x)$ 的根, 素数 $p \nmid n$, 则 α^p 也是 $f(x)$ 的根.

假设 α^p 不是 $f(x)$ 的根, 令 $g(x) \in \mathbb{Q}[x]$ 为 α^p 的首一极小多项式. 由于 α^p 仍然是 $x^n - 1$ 的根, 因此 $g(x) \mid (x^n - 1)$. 由高斯引理 $g(x) \in \mathbb{Z}[x]$. 由于 $f(x)$ 与 $g(x)$ 均不可约, α^p 是 $g(x)$ 的根而不是 $f(x)$ 的根, 因此 $f(x)$ 与 $g(x)$ 互素. 它们同时都整除 $x^n - 1$, 因此 $f(x)g(x) \mid (x^n - 1)$, 由高斯引理, 存在首一整系数多项式 $h(x)$ 使得

$$x^n - 1 = f(x)g(x)h(x).$$

注意到 $g(\alpha^p) = 0$, 所以 $f(x) \mid g(x^p)$, 所以存在首一整系数多项式 $l(x)$ 使得

$$g(x^p) = f(x)l(x).$$

考虑由自然满同态 $\mathbb{Z} \longrightarrow \mathbb{Z}_p$ 诱导的环同态:

$$\mathbb{Z}[x] \longrightarrow \mathbb{Z}_p[x], \quad s(x) \mapsto \bar{s}(x),$$

有 $(\bar{g}(x))^p = \bar{g}(x^p) = \bar{f}(x)\bar{l}(x)$. 因此, 在 $\mathbb{Z}_p[x]$ 中, $\bar{f}(x)$ 与 $\bar{g}(x)$ 并不互素, 它们都是 $x^n - 1$ 的因式, 从而在 $x^n - 1$ 在 $\mathbb{Z}_p$ 上的分裂域 E 中有公共根. 由于

$$x^n - 1 = \bar{f}(x)\bar{g}(x)\bar{h}(x),$$

因此 $x^n - 1$ 在 E 中有重根, 这与 $(x^n - 1, (x^n - 1)') = (x^n - 1, \bar{n}x^{n-1}) = 1$ 矛盾. 注意这里 $\bar{n} \neq 0$.

下面我们来证明 $f(x) = \Phi_n(x)$. 对任意 n 次本原单位根 ξ^r, 有 $(r, n) = 1$. 设 $r = p_1 p_2 \cdots p_m$ 为 r 的素分解, 则有 $p_i \nmid n$ 对所有 $i = 1, \cdots, m$ 成立. 重复利用上面的断言, 由 ξ 为 $f(x)$ 的根可得 ξ^r 为 $f(x)$ 的根, 即任意一个 n 次本原单位根都是 $f(x)$ 的根, 从而 $\Phi_n(x) \mid f(x)$. 结合 $f(x) \mid \Phi_n(x)$, 且两者均为首一多项式, 所以 $\Phi_n(x) = f(x)$. □

有趣的是, 我们可以利用上面分圆多项式理论来证明数论上一个非常经典的狄利克雷 (Dirichlet, 1805—1859) 定理的特殊情形.

定理 5.14   对于任意正整数 n, 有无穷多个素数模 n 余 1.

证明   反证法. 假设只有有限多个这样的素数 $p_1, \cdots, p_s, s \geqslant 0$. 考虑分圆多项式 $\Phi_n(x)$. 根据命题 5.12, $\Phi_n(x)$ 是整系数首一多项式. 由于 $\Phi_n(x)$ 的根都是单位根, 其常数项为单位根的乘积且为整数, 因此 $\Phi_n(x)$ 的常数项为 ± 1. 取足够大的正整数 a 使得 $M := \Phi_n(anp_1 \cdots p_s) > 1$. 现假设 p 为 M 的素因子, 记 $y = anp_1 \cdots p_s$. 如果 $p \mid y$, 由于 $\Phi_n(y)$ 除常数项外都被 p 整除且常数项为 ± 1, 从而 $p \nmid M$, 产生矛盾. 因此 $p \nmid y$, 特别地, $p \notin \{p_1, \cdots, p_s\}$ 且 $p \nmid n$.

由于 $\Phi_n(x) \mid (x^n - 1)$, 所以 $M = \Phi_n(y) \mid (y^n - 1)$, 从而有 $y^n \equiv 1 \pmod{p}$, 也就是说在 $p-1$ 阶乘法群 $\mathbb{Z}_p^*$ 中 $\bar{y}^n = 1$, 其中 $\bar{y}$ 为 y 的模 p 剩余类. 假设 $\bar{y}$ 在 $\mathbb{Z}_p^*$ 中阶为 m, 则 $m \mid n$. 如果 $m < n$, 则 $\bar{y}$ 是 $x^m - 1$ 在 $\mathbb{Z}_p$ 中的根. 由于 $m < n$, 所以 $x^m - 1$ 与 $\Phi_n(x)$ 在 $\mathbb{C}$ 中没有公共根, 从而 $(x^m - 1, \Phi_n(x)) = 1$. 由于 $m \mid n$, 我们有 $x^m - 1 \mid (x^n - 1)$, 从而 $(x^m - 1)\Phi_n(x) \mid (x^n - 1)$. 这样 $\bar{y}$ 同时为 $x^m - 1$ 和 $\Phi_n(x)$ 在 $\mathbb{Z}_p$ 中的根, 从而为 $x^n - 1$ 在 $\mathbb{Z}_p$ 中的重根. 但 $x^n - 1$ 在 $\mathbb{Z}_p$ 中无重根, 得到矛盾. 因此, $m = n$. 根据拉格朗日定理得 $n \mid (p-1)$, 从而存在 $k \in \mathbb{Z}$ 使得 $p = kn + 1$. 由于 $p \notin \{p_1, \cdots, p_s\}$, 这与假设矛盾. $\qquad\square$

5.5 循 环 扩 张

我们继续来讨论 $x^n - a$ 形式多项式的伽罗瓦群. 例如 $x^3 - 2$ 在 $\mathbb{Q}$ 上的伽罗瓦群是 S_3. 如果我们将 $x^3 - 2$ 看作 $\mathbb{Q}(\omega)[x]$ 中的多项式, 它在 $\mathbb{Q}(\omega)$ 上的伽罗瓦群将变得很简单, 即 $\mathbb{Z}_3$. 这里很大的一个区别是 $\mathbb{Q}(\omega)$ 中有 3 次本原单位根 ω, 而 $\mathbb{Q}$ 中没有 3 次本原单位根.

现在我们假设域 K 中有 n 次本原单位根 ξ, 令 E 为多项式 $x^n - a \in K[x]$ 在 K 上的分裂域, 如果 $u \in E$ 是 $x^n - a$ 的根, 那么

$$u, \ \xi u, \ \xi^2 u, \ \cdots, \ \xi^{n-1} u$$

恰为 $x^n - a$ 在 E 中所有互不相同的根, 从而

$$x^n - a = \prod_{i=0}^{n-1}(x - \xi^i u),$$

特别地, $x^n - a$ 在 K 上是可分的, 因此 E/K 为伽罗瓦扩张. 考虑映射

$$\begin{aligned}
\pi : \mathrm{Aut}_K E &\longrightarrow \mathbb{Z}_n, \\
\sigma &\mapsto [i], \quad (\text{如果}\sigma(u) = \xi^i u)
\end{aligned}$$

由于 $\xi^n = 1$, π 是良定义的. 容易验证 π 为群同态, 且

$$\mathrm{Ker}\,\pi = \{\sigma \mid \sigma(u) = u\} = \{\mathrm{id}_E\}.$$

因此 $\mathrm{Aut}_K E$ 同构于 $\mathbb{Z}_n$ 的一个子群, 即存在 $d \mid n$ 使得 $\mathrm{Aut}_K E \cong \mathbb{Z}_d$. 由此可见, 当域 K 中有 n 次本原单位根时, 形如 $x^n - a, a \in K$ 的多项式在 K 上的伽罗瓦群是循环群.

定义 5.15 对于代数伽罗瓦扩张 E/K, 如果 $\mathrm{Aut}_K E$ 是阿贝尔群 (循环群), 则称 E/K 为**阿贝尔扩张 (循环扩张)** (Abelian/cyclic extension).

下面的定理在下一章中有非常重要的作用.

定理 5.16　设域 K 含有 n 次本原单位根 ξ, E/K 为域扩张, 则以下几条等价.

(1) E/K 为循环扩张, 且 $[E:K] \mid n$.

(2) E 为某个 $x^n - a \in K[x]$ 在 K 上的分裂域.

(3) E 为某个不可约多项式 $x^d - b \in K[x]$, $d \mid n$ 在 K 上的分裂域.

证明　由前面的讨论, 我们有 (2) $\Longrightarrow$ (1).

(3) $\Longrightarrow$ (2)　可设 $E = K(u)$, $u^d = b$, 这是因为 $x^d - b$ 的所有根为

$$u, \ \xi^{\frac{n}{d}} u, \ \cdots, \ \left(\xi^{\frac{n}{d}}\right)^{d-1} u.$$

令 $a = b^{\frac{n}{d}} = u^n$, 则 $K(u)$ 为 $x^n - a$ 在 K 上的分裂域.

要证明 (1) $\Longrightarrow$ (3), 我们还需要一个引理.

引理 5.17　假设 F 是域, 那么 $\operatorname{Aut} F$ 是 F 线性无关的, 即对任意互不相同的 $\sigma_1, \cdots, \sigma_m \in \operatorname{Aut} F$, 如果 $a_1, \cdots, a_m \in F$ 使得

$$\sum_{i=1}^{m} a_i \sigma_i = 0, \quad \text{即} \sum_{i=1}^{m} a_i \sigma_i(u) = 0, \quad \forall u \in F,$$

那么 $a_1 = \cdots = a_m = 0$.

证明　反证法. 假设引理不成立, 存在 $\sigma_1, \cdots, \sigma_m \in \operatorname{Aut} F$ 以及不全为零的 $a_1, a_2, \cdots, a_m \in F$ 使得 $\sum_{i=1}^{m} a_i \sigma_i = 0$. 我们假设 m 是最小的, 则 $a_1, a_2, \cdots, a_m$ 均不为零. 显然 $m > 1$. 由于 $\sigma_1 \neq \sigma_2$, 存在 $u \in F$, $\sigma_1(u) \neq \sigma_2(u)$. 而对任意 $v \in F$, 有

$$a_1 \sigma_1(v) + a_2 \sigma_2(v) + \cdots + a_m \sigma_m(v) = 0,$$

$$a_1 \sigma_1(uv) + a_2 \sigma_2(uv) + \cdots + a_m \sigma_m(uv) = 0.$$

第一个等式两边乘以 $\sigma_1(u)$, 与第二个等式相减得

$$a_2 \sigma_2(v)(\sigma_1(u) - \sigma_2(u)) + \cdots + a_m \sigma_m(v)(\sigma_1(u) - \sigma_m(u)) = 0,$$

即

$$\sum_{i=2}^{m} a_i(\sigma_1(u) - \sigma_i(u)) \sigma_i = 0.$$

注意到 $a_2(\sigma_1(u) - \sigma_2(u)) \neq 0$, 这与 m 的最小性矛盾.　　　$\square$

现在我们来证明定理 5.16 中的 (1) $\Longrightarrow$ (3). 设 σ 为 $\mathrm{Aut}_K E$ 的生成元. 记 $d = o(\sigma)$. 由于 E/K 为伽罗瓦扩张, 所以 $|\mathrm{Aut}_K E| = [E:K]$, 由假设得 $d \mid n$, $\eta = \xi^{\frac{n}{d}} \in K$ 是 d 次本原单位根. 由引理 5.17 得

$$\sum_{m=0}^{d-1} \eta^{m+1}\sigma^m \neq 0.$$

因此存在 $u \in E$, 使得 $w := \sum_{m=0}^{d-1} \eta^{m+1}\sigma^m(u) \neq 0$. 注意到

$$\eta\sigma(w) = \sum_{m=0}^{d-1} \eta^{m+2}\sigma^{m+1}(u)$$

$$= \eta^{d+1}\sigma^d(u) + \sum_{m=1}^{d-1} \eta^{m+1}\sigma^m(u)$$

$$= \eta u + \sum_{m=1}^{d-1} \eta^{m+1}\sigma^m(u)$$

$$= \sum_{m=0}^{d-1} \eta^{m+1}\sigma^m(u)$$

$$= w.$$

令 $v = w^{-1}$ 有 $\sigma(v) = \eta v$, 从而

$$\sigma(v^d) = (\sigma(v))^d = (\eta v)^d = \eta^d v^d = v^d.$$

因此 $\sigma^m(v^d) = v^d$ 对所有的 m 成立, 即 $v^d \in (\mathrm{Aut}_K E)'$. 由于 E/K 是伽罗瓦扩张, 所以 $b := v^d \in K$. 此时

$$x^d - b = \prod_{i=0}^{d-1}(x - \sigma^i(v)) = \prod_{i=0}^{d-1}(x - \eta^i v).$$

因此 $L = K(v)$ 为 $x^d - b$ 在 K 上的分裂域. 令 $p(x)$ 为 v 在 K 上的首一极小多项式, 则 $p(x) \mid x^d - b$. 根据引理 2.16, $\sigma^i(v), i = 0, \cdots, d-1$ 都是 $p(x)$ 在 E 中的根且彼此不同, 因此在 $E[x]$ 中有

$$\prod_{i=0}^{d-1}(x - \eta^i v) \mid p(x),$$

即 $x^d - b \mid p(x)$. 所以 $p(x) = x^d - b$, 从而

$$d = \deg p(x) = [L:K]| \leqslant [E:K] = d.$$

所以 $E = L$, E 为不可约多项式 $x^d - b$ 在 K 上的分裂域. □

习 题

1. 令 $x^4 + ax^2 + b \in K[x](\operatorname{char} K \neq 2)$ 为不可约多项式, 其伽罗瓦群为 G. 证明:

(1) 如果 b 是 K 中的平方数, 则 $G \cong K_4$.

(2) 如果 b 不是 K 中的平方数, $b(a^2 - 4b)$ 是 K 中的平方数, 则 $G \cong C_4$.

(3) 如果 b 和 $b(a^2 - 4b)$ 都不是 K 中的平方数, 则 $G \cong D_4$.

2. 设 $n \geqslant 2$, ξ 为 n 次本原单位根. 证明 $[\mathbb{Q}(\xi + \xi^{-1})] = \varphi(n)/2$.

3. 令 K 为域, $\overline{K}$ 为 K 的代数闭包, $\sigma \in \operatorname{Aut}_K \overline{K}$. 令 $F = \{u \in \overline{K} \mid \sigma(u) = u\}$. 证明 F 是域, 且 F 的每个有限扩张都是循环扩张.

4. 设 $\operatorname{char} K = p \neq 0$. 令 $K_p = \{u^p - u \mid u \in K\}$. 证明:

(1) 存在 K 的 p 次循环扩张 F 当且仅当 $K \neq K_p$.

(2) 如果存在 K 的 p 次循环扩张, 则对于任意的 $n \geqslant 1$, 存在 K 的 p^n 次循环扩张.

5. 如果 $\operatorname{char} K = p \neq 0$, 则对于 $x^p - a \in K[x]$ 的任意根 u, $K(u) \neq K(u^p)$ 当且仅当 $[K(u) : K] = p$.

6. 假设 L/K 为有限伽罗瓦扩张, $G = \operatorname{Aut}_K L$ 为相应的伽罗瓦群. 对任意 $\alpha \in L$, 我们定义:

$$N_{L/K}(\alpha) = \prod_{\tau \in G} \tau(\alpha), \quad \operatorname{Tr}_{L/K}(\alpha) = \sum_{\tau \in G} \tau(\alpha).$$

则 $N(\alpha)$ 和 $\operatorname{Tr}(\alpha)$ 都属于 K. 现假设 L/K 是循环扩张而 $\operatorname{Aut}_K L = \langle \sigma \rangle$. 证明: 对 $\alpha \in L^*$, $N_{L/K}(\alpha) = 1$ 当且仅当存在 $\beta \in L^*$ 使得 $\alpha = \dfrac{\sigma(\beta)}{\beta}$, $\operatorname{Tr}_{L/K}(\alpha) = 0$ 当且仅当存在 $\beta \in L$ 使得 $\alpha = \sigma(\beta) - \beta$.

7. 假设 $f(x) \in K[x]$ 为域 K 上的可分多项式, $\xi_1, \cdots, \xi_n$ 为 $f(x)$ 在 K 上的分裂域 E 中所有互不相同的根. 由引理 4.14, 存在 $u \in E$ 使得 $E = K(u) = K[u]$ 为单扩张. 因此存在多项式 $\phi_1(x), \cdots, \phi_n(x) \in K[x]$ 使得 $\xi_i = \phi_i(u)$. 令 $p(x)$ 为 u 在 K 上的极小多项式.

(1) 证明: 对任意 $p(x)$ 在 E 中的根 $v, \phi_1(v), \cdots, \phi_n(v)$ 是 $\xi_1, \cdots, \xi_n$ 的一个排列.

(2) 在 (1) 中, 记

$$\sigma_v = \begin{pmatrix} \xi_1 & \cdots & \xi_n \\ \phi_1(v) & \cdots & \phi_n(v) \end{pmatrix}$$

为 $\xi_1, \cdots, \xi_n$ 的置换. 令 G 为所有 σ_v 构成的集合, 其中 v 取遍 $p(x)$ 在 E 中的所有根. 证明: G 是群且与 $\mathrm{Aut}_K E$ 同构.

注: 这里 (2) 中的 G 实际上是最初伽罗瓦群的定义. 参见文献 [3] 第 51 页.

第6章　根式扩张与可解群

在这一章, 我们将见证多项式是否可根式解是怎样与其伽罗瓦群的可解性联系到一起的.

6.1　可　解　群

回顾下可解群的定义, 一个群 G 称为**可解群** (solvable group), 如果存在如下的子群序列:

$$\{e\} = G_m \trianglelefteq G_{m-1} \trianglelefteq \cdots \trianglelefteq G_1 \trianglelefteq G_0 = G,$$

使得所有的商群 $G_i/G_{i+1}, i = 0, 1, \cdots, m-1$ 都是阿贝尔群. 这里 e 是 G 中单位元.

很显然, 阿贝尔群是可解群, 那一般的群怎么判断是否为可解群呢? 这里一个比较好的思路是先研究一个商群什么时候是阿贝尔群. 假设 N 是 G 的正规子群, 商群 G/N 是阿贝尔群当且仅当 $Nab = Nba$ 对所有 $a, b \in G$ 成立, 这等价于

$$aba^{-1}b^{-1} \in N, \quad \forall a, b \in G,$$

这里 $[a, b] := aba^{-1}b^{-1}$ 称为 a, b 的**换位子** (commutator). 也就是说, G/N 是阿贝尔群当且仅当 G 中任意两个元素 a, b 的换位子 $[a, b]$ 都属于 N. 关于换位子, 有下面几条有趣的性质:

(1) $[a, b]^{-1} = [b, a]$;

(2) $x[a, b]x^{-1} = [xax^{-1}, xbx^{-1}]$;

(3) $[a, b] = e$ 当且仅当 $ab = ba$.

这三条性质使得

$$G' := \{G \text{中若干换位子的乘积}\}$$

构成 G 的一个正规子群, 并且商群 G/N 是阿贝尔群当且仅当 $G' \leqslant N$, 特别地, G' 是 G 最小的使得商群是阿贝尔群的正规子群. G' 称为 G 的**换位子群** (commutator subgroup). 根据定义, 如果 H 是 G 的子群, 则 $H' \leqslant G'$. 不仅如此, 换位子群还给了我们一种判定一个群是否可解的方法. 对群 G 来说, 我们递归地定义

$$G^{(0)} = G, \quad G^{(1)} = G', \quad G^{(i)} = \left(G^{(i-1)}\right)', \quad \forall i > 0.$$

命题 6.1 群 G 是可解群当且仅当存在正整数 m 使得 $G^{(m)} = \{e\}$.

证明 如果 G 可解, 且有子群序列

$$\{e\} = G_m \trianglelefteq G_{m-1} \trianglelefteq \cdots \trianglelefteq G_1 \trianglelefteq G_0 = G,$$

使得所有的商群 $G_i/G_{i+1}, i = 0, 1, \cdots, m-1$ 都是阿贝尔群. 那么

$$(G_i)' \leqslant G_{i+1}, \quad \forall i = 0, 1, \cdots, m-1.$$

这导致

$$G^{(m)} \leqslant (G_1)^{(m-1)} \leqslant \cdots \leqslant (G_{m-1})^{(1)} \leqslant G_m = \{e\}.$$

反过来, 如果存在正整数 m 使得 $G^{(m)} = \{e\}$, 那么子群序列

$$\{e\} = G^{(m)} \trianglelefteq G^{m-1} \trianglelefteq \cdots \trianglelefteq G^{(1)} \trianglelefteq G^{(0)} = G$$

中每个商群都是阿贝尔群, 因此 G 可解. □

推论 6.2 假设群 G 可解, 那么 G 的子群和商群也可解.

证明 对于 G 的子群 H, 有 $H^{(m)} \leqslant G^{(m)}$ 对任意 $m \geqslant 0$ 成立, 根据命题 6.1, H 是可解群. 现在假设 N 是 G 的正规子群, 我们需要证明存在正整数 m 使得

$$(G/N)^{(m)} = \{N\}.$$

实际上, 对任意 $H \leqslant G$, 我们有

$$(HN/N)' = H'N/N,$$

它们都是以 H 的换位子为代表元 N 的左陪集的全体. 根据这个特点, 对任意 $i \geqslant 0$, 我们有

$$(G^{(i)}N/N)' = G^{(i+1)}N/N,$$

利用数学归纳法可得 $(G/N)^{(i)} = G^{(i)}N/N$ 对所有 $i \geqslant 0$ 成立. 由于 G 可解, 存在正整数 m 使得 $G^{(m)} = \{e\}$, 从而

$$(G/N)^{(m)} = G^{(m)}N/N = \{e\}N/N = \{N\}.$$

所以 G/N 可解. □

另外, 我们还可以把判定 G 是否可解的问题归结到子群和商群是否可解的问题.

命题 6.3　群 G 可解当且仅当存在可解正规子群 N 使得对应的商群 G/N 也可解.

证明　必要性由推论 6.2 得到, 现证明充分性. 假设 N 是 G 的可解的正规子群且 G/N 可解. 由命题 6.1, 存在正整数 r 使得 $(G/N)^{(r)} = \{N\}$. 由上面推论的证明, $(G/N)^{(r)} = G^{(r)}N/N$, 因此 $G^{(r)}N/N = \{N\}$, 从而有 $G^{(r)} \leqslant N$. 由于 N 可解, 存在正整数 t 使得 $N^{(t)} = \{e\}$. 结合 $G^{(r)} \leqslant N$ 得 $G^{(r+t)} = \{e\}$, 所以 G 可解. □

由于每个有限阿贝尔群 K 都存在子群序列

$$\{e\} \lhd K_m \lhd K_{m-1} \lhd \cdots \lhd K_1 \lhd K_0 = K,$$

使得所有的商群 $K_i/K_{i+1}, i = 0, 1, \cdots, m-1$ 都是循环群, 利用群同态基本定理容易证明下面的结论.

命题 6.4　有限群 G 可解当且仅当存在子群序列

$$\{e\} = G_m \lhd G_{m-1} \lhd \cdots \lhd G_1 \lhd G_0 = G,$$

使得所有商群 $G_i/G_{i+1}, i = 0, 1, \cdots, m-1$ 都是循环群.

对于对称群 S_n 来说, 当 $n < 5$ 时, S_n 是可解群, 要说明这一点, 只需要说明 S_4 可解. 实际上 S_4 有如下子群序列:

$$\{e\} \lhd K_4 \lhd A_4 \lhd S_4,$$

其中 $K_4 = \{e, (12)(34), (13)(24), (14)(23)\}$ 是克莱因四元群, 是阿贝尔群, 而 A_4/K_4 和 S_4/A_4 分别为 3 阶和 2 阶循环群. 因此 S_4 是可解群. 对于 $n > 4$, 我们可以证明 A_n 没有非平凡的正规子群, 这个证明可以在近世代数或者抽象代数的教材中找到 (例如: [6][49]). 由于此时 A_n 不是阿贝尔群, 因此不存在满足可解群定义的子群序列, 所以当 $n > 4$ 时, A_n 不可解, 根据推论 6.2, 对称群 S_n 也不可解.

有哪些群是可解群呢? 除阿贝尔群之外, 根据西罗第一定理, 所有素数的方幂阶群都可解. 实际上, 更一般地, 对于两个素数 p, q 以及非负整数 a, b, 阶数为 $p^a q^b$ 的群都可解, 这就是著名的伯恩赛德定理[4](Burnside, 1952—1927). 1963 年, 费特 (Feit, 1930—2004) 和汤普森 (Thompson, 1932—)[5] 更是证明了所有奇数阶群都可解!

6.2　根 式 扩 张

在第 2 章的结尾, 我们介绍过根式扩张, 一个域扩张 L/K 称为**根式扩张**, 如果存在一系列中间域

$$K = L_0 \subsetneq L_1 \subsetneq \cdots \subsetneq L_m = L,$$

使得对所有 $i = 0, \cdots, m-1$ 有 $L_{i+1} = L_i(\alpha_i)$ 为单扩张且 $\alpha_i^{n_i} \in L_i$. 形象地说, α_i 是 L_i 中元素 "开 n_i 次方" 得到的. 对于 $K[x]$ 中多项式 $f(x)$, 如果存在一个根式扩张 L/K 使得 L 包含 $f(x)$ 在 K 上的一个分裂域 E, 即 $f(x)$ 在 E 中的根全部都在 K 的根式扩张 L 中, 则称 $f(x) = 0$ 在 K 上**可根式解**. 这时 $f(x)$ 的根可以从 K 中元素出发, 通过有限次的加、减、乘、除以及 "开方" 得到.

这里有点可惜的是, $f(x)$ 在 K 上的分裂域虽然包含在 K 的根式扩张 L 中, 但 L 未必是 K 上多项式的分裂域, 而我们前面的很多定理都是针对分裂域的, 在 L 上没有用武之地. 幸运的是, 我们有下面的定理.

定理 6.5　设 F/K 是根式扩张, 则存在域扩张 L/F, 使得

(1) L 是 $K[x]$ 中某个多项式的分裂域;

(2) L/K 依然是根式扩张.

证明　显然 F/K 是有限扩张, 假设 $F = K(u_1, \cdots, u_n)$, 令 $f_i(x) \in K[x]$ 为 u_i 在 K 上的极小多项式, 记

$$f(x) = \prod_{i=1}^{n} f_i(x),$$

L 为 $f(x)$ 在 F 上的分裂域. 由于 $u_1, \cdots, u_n$ 是 $f(x)$ 在 L 中的根, 而 $F = K(u_1, \cdots, u_n)$, 因此 L 也是 $f(x)$ 在 K 上的分裂域. 若 v 为 $f(x)$ 在 L 中的根, 假设为 $f_i(x)$ 的根. 根据推论 3.18, 存在 $\sigma \in \mathrm{Aut}_K L$ 使得 $\sigma(u_i) = v$. 记 $L_v = \sigma(F) \subseteq L$, 则

$$L_v = K(\sigma(u_1), \sigma(u_2), \cdots, \sigma(u_n))$$

且 $\sigma : F \longrightarrow L_v$ 为域之间的 K 同构, 由于 F/K 为根式扩张, 因此 L_v/K 也是根式扩张. 对于 L/K 的任意若干个中间域 $L_1, L_2, \cdots, L_r$, 假设 $L_i/K, i = 1, 2, \cdots, r$ 都是根式扩张. 对每个 $i = 1, 2, \cdots, r$, 令

$$L_i = K(v_{i,1}, v_{i,2}, \cdots, v_{i,n_i}),$$

使得 $v_{i,k+1}$ 的某个方幂属于 $K(v_{i,1}, \cdots, v_{i,k})$ 对所有的 $k = 0, 1, \cdots, n_i - 1$ 成立, 那么易见

$$\prod_{i=1}^{r} L_i := K(v_{1,1}, \cdots, v_{1,n_1}, v_{2,1}, \cdots, v_{2,n_2}, \cdots, v_{r,1}, \cdots, v_{r,n_r})$$

也是 K 上的根式扩张. 由此假设 $f(x)$ 在 L 中的根的全集为 $\mathcal{V}$, 那么

$$\prod_{v \in \mathcal{V}} L_v \subseteq L$$

为 K 上的根式扩张, 但 $L = K(\mathcal{V}) \subseteq \prod_{v \in \mathcal{V}} L_v$, 因此 $L = \prod_{v \in \mathcal{V}} L_v$ 为 K 上的根式扩张. □

6.3 伽罗瓦根式扩张的伽罗瓦群可解

我们先证明伽罗瓦根式扩张的伽罗瓦群可解, 利用这个结论可以证明, 如果一个代数方程 $f(x) = 0$ 可以根式解, 那么多项式 $f(x)$ 的伽罗瓦群是可解群!

定理 6.6 假设 F/K 为伽罗瓦根式扩张, 那么 $\operatorname{Aut}_K F$ 是可解群.

证明 假设 $F = K(u_1, \cdots, u_n)$, $u_i^{m_i} \in K(u_1, \cdots, u_{i-1})$, $i = 1, \cdots, n$. 我们断言, 此时可假设 $\operatorname{char} K \nmid m_i$ 对所有 $i = 1, \cdots, n$ 成立: 若 $\operatorname{char} K = 0$, 显然成立; 假设 $\operatorname{char} K = p > 0$. 若 $m_i = p^t r$, $t \geqslant 1$, $(p, r) = 1$. 则由 F/K 是伽罗瓦扩张, $F/K(u_1, \cdots, u_{i-1})$ 也是伽罗瓦扩张 (根据伽罗瓦基本定理), 因此 $u_i^r \in F$ 在 $K(u_1, \cdots, u_{i-1})$ 上的极小多项式 $p(x)$ 是可分多项式, 在其分裂域中只有单根. 而 u_i^r 也是 $(x - u_i^r)^{p^t} = x^{p^t} - u_i^{m_i} \in K(u_1, \cdots, u_{i-1})[x]$ 的根, 故 $p(x) \mid (x - u_i^r)^{p^t}$. 由于 $p(x)$ 只有单根, 因此 $p(x) = x - u_i^r$, 从而 $u_i^r \in K(u_1, \cdots, u_{i-1})$, 可将 m_i 替换为 r.

令 $m = m_1 \cdots m_n$, 则 $\operatorname{char} K \nmid m$. $x^m - 1$ 在 K 和 F 上均可分, 假设 $F(\xi)$ 为 $x^m - 1$ 在 F 上的分裂域, 其中 ξ 为 m 次本原单位根. 则 $K(\xi)$ 为 $x^m - 1$ 在 K 上的分裂域. 此时 $F(\xi)/F$ 和 $K(\xi)/K$ 均为伽罗瓦扩张. 对 $h_m(x) := x^m - 1$, 任意 $\tau \in \operatorname{Aut} F$ 都满足 $\tau h_m = h_m$, 由分裂域的唯一性, τ 可以扩张为 $F(\xi)$ 的自同构. 根据命题 4.4, $F(\xi)/K$ 是伽罗瓦扩张. 由伽罗瓦基本定理 $F(\xi)/K(\xi)$ 也是伽罗瓦扩张, 从而下图中所有域扩张都是伽罗瓦扩张.

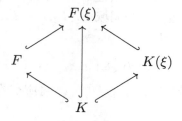

由伽罗瓦基本定理, $\operatorname{Aut}_K F \cong \operatorname{Aut}_K F(\xi) / \operatorname{Aut}_F F(\xi)$, 只需证明 $\operatorname{Aut}_K F(\xi)$ 可解. 另一方面, 根据伽罗瓦基本定理, $\operatorname{Aut}_{K(\xi)} F(\xi) \trianglelefteq \operatorname{Aut}_K F(\xi)$, 且对应的商群同

构于 $\operatorname{Aut}_K K(\xi) \leqslant U_m$ 为阿贝尔群, 由命题 6.3, 只需证明 $\operatorname{Aut}_{K(\xi)} F(\xi)$ 是可解群. 令

$$L_0 := K(\xi), \quad L_i := K(\xi, u_1, \cdots, u_i), \quad i = 1, \cdots, n.$$

对任意 $i = 1, \cdots, n$, u_i 是 $x^{m_i} - u_i^{m_i} \in L_{i-1}[x]$ 的根. 由于 ξ 是 m 次本原单位根, $\eta_i = \xi^{m/m_i}$ 为 m_i 次本原单位根, 从而 $x^{m_i} - u_i^{m_i}$ 的所有根为

$$u_i, u_i \eta_i, u_i \eta_i^2, \cdots, u_i \eta_i^{m_i - 1}.$$

所以 $L_i = L_{i-1}(u_i)$ 是 $x^{m_i} - u_i^{m_i}$ 在 L_{i-1} 上的分裂域, 由定理 5.16, L_i/L_{i-1} 是循环扩张, 即 L_i/L_{i-1} 为伽罗瓦扩张且 $\operatorname{Aut}_{L_{i-1}} L_i$ 为循环群. 对 L/L_{i-1} 利用伽罗瓦基本定理, $\operatorname{Aut}_{L_i} L$ 是 $\operatorname{Aut}_{L_{i-1}} L$ 的正规子群且对应的商群

$$\operatorname{Aut}_{L_{i-1}} L / \operatorname{Aut}_{L_i} L \cong \operatorname{Aut}_{L_{i-1}} L_i$$

为循环群. 由此 $\operatorname{Aut}_{K(\xi)} F(\xi)$ 有子群序列

$$\{\operatorname{id}\} \trianglelefteq \operatorname{Aut}_{L_{n-1}} L \trianglelefteq \cdots \trianglelefteq \operatorname{Aut}_{L_1} L \trianglelefteq \operatorname{Aut}_{L_0} L = \operatorname{Aut}_{K(\xi)} F(\xi),$$

使得相邻的子群对应的商群为循环群. 所以 $\operatorname{Aut}_{K(\xi)} F(\xi)$ 可解. $\qquad\square$

定理 6.6 有个非常重要的推论.

推论 6.7 假设 F/K 是根式扩张, 而 E 为 F/K 的中间域, 那么 $\operatorname{Aut}_K E$ 可解. 特别地, 如果 $f(x) \in K[x]$ 可以根式解, 那么 $f(x)$ 的伽罗瓦群可解.

证明 首先, 根据定理 6.5, 存在域扩张 L/F 使得 L/K 是根式扩张且 L 是 $K[x]$ 中多项式 $g(x)$ 在 K 上的分裂域, 即 L/K 是有限正规扩张. 此时 E 是 L/K 的中间域. 令

$$K_0 = \{u \in E \mid \sigma(u) = u, \ \forall \sigma \in \operatorname{Aut}_K E\},$$

则有 E/K_0 是伽罗瓦扩张且 $\operatorname{Aut}_{K_0} E = \operatorname{Aut}_K E$. 由引理 3.8, E 为 L/K_0 的稳定中间域, 从而存在群同态

$$\begin{aligned} \pi : \operatorname{Aut}_{K_0} L &\longrightarrow \operatorname{Aut}_{K_0} E, \\ \sigma &\mapsto \sigma|_E. \end{aligned}$$

由于 L 依然是 $g(x)$ 在 E 上的分裂域, 且 $\tau g(x) = g(x)$ 对任意 $\tau \in \operatorname{Aut}_{K_0} E$ 都成立, 由分裂域的唯一性, 所有 $\tau \in \operatorname{Aut}_{K_0} E$ 都可以拓展为 $\sigma \in \operatorname{Aut}_{K_0} L$, 即 $\sigma|_E = \tau$. 所以 π 为满同态, $\operatorname{Aut}_{K_0} E$ 同构于 $\operatorname{Aut}_{K_0} L$ 的一个商群. 令

$$K_1 := \{u \in L \mid \sigma(u) = u, \ \forall \sigma \in \operatorname{Aut}_{K_0} L\},$$

则 L/K_1 是伽罗瓦根式扩张且 $\mathrm{Aut}_{K_1} L = \mathrm{Aut}_{K_0} L$. 由定理 6.6, $\mathrm{Aut}_{K_1} L$ 是可解群. 这样 $\mathrm{Aut}_K E = \mathrm{Aut}_{K_0} E$ 同构于 $\mathrm{Aut}_{K_0} L = \mathrm{Aut}_{K_1} L$ 的一个商群, 依然是可解群.

如果 $f(x)$ 在 K 上可根式解, 那么存在 K 的根式扩张 F 使得 F 包含 $f(x)$ 在 K 上的分裂域 E, 从而 $f(x)$ 的伽罗瓦群 $\mathrm{Aut}_K E$ 可解. $\qquad\square$

这个推论告诉我们, 如果一个多项式 $f(x)$ 的伽罗瓦群不可解, 比如为 $S_n, n \geqslant 5$, 那么 $f(x) = 0$ 是不可能根式解的. 这里神奇的地方在于, 要直接说明一个代数方程是否可以根式解是难以想象的事情, 但要验证一个给定的群是否为可解群却是相对来讲非常容易的事情. 比如: 通过简单的分析, 可以发现 $f(x) = x^5 - 4x + 2$ 在 $\mathbb{C}$ 中有三个实根, 两个虚根. 根据定理 5.8 可得 $\mathrm{Gal}(f) \cong S_5$, 不是可解群, 这说明方程 $x^5 - 4x + 2 = 0$ 是不可能根式解的. 如果直接要求我们证明这个方程没有根式解就难比登天了!

6.4 有可解伽罗瓦群的多项式可根式解?

反过来, 我们自然会问: 如果一个多项式的伽罗瓦群可解, 那么它对应的代数方程就可以根式解么? 答案是不一定. 但基本上是正确的.

定理 6.8   假设 E/K 为有限伽罗瓦扩张且 $\mathrm{char}\, K \nmid [E : K]$. 如果 $\mathrm{Aut}_K E$ 是可解群, 那么存在根式扩张 F/K 使得 E 是 F/K 的中间域.

证明   对 $[E : K]$ 进行归纳. $[E : K] = 1$ 时, 取 $F = K$ 即可, 下设 $[E : K] = n > 1$.

由于 $\mathrm{char}\, E = \mathrm{char}\, K \nmid n$. 由定理 5.11, $E[x]$ 中的可分多项式 $x^n - 1$ 在 E 上的分裂域为 $E(\xi)$, 其中 ξ 是 n 次本原单位根. 与定理 6.6 证明中一样, 下图中所有域扩张都是伽罗瓦扩张:

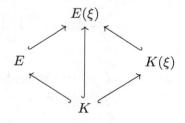

由于 $K(\xi)/K$ 是根式扩张, 我们的目标转化为寻找根式扩张 $F/K(\xi)$, 使得 $E(\xi) \subseteq F$, 这样 F/K 是根式扩张, 且 $E \subseteq E(\xi) \subseteq F$, 结论成立. 这里 $K(\xi)$ 与 K 的区别在于 $K(\xi)$ 中有 n 次本原单位根.

在域的扩张链 $K \subseteq E \subseteq E(\xi)$ 中, 由伽罗瓦基本定理, E 是稳定中间域, 因此

限制映射给出群同态

$$\pi : \operatorname{Aut}_K E(\xi) \longrightarrow \operatorname{Aut}_K E,$$

$$\sigma \mapsto \sigma|_E.$$

由于 $\operatorname{Aut}_{K(\xi)} E(\xi) \leqslant \operatorname{Aut}_K E(\xi)$, 我们得到群同态

$$\pi : \operatorname{Aut}_{K(\xi)} E(\xi) \longrightarrow \operatorname{Aut}_K E,$$

$$\sigma \longmapsto \sigma|_E,$$

并且

$$\begin{aligned}
\operatorname{Ker} \pi &= \{\sigma \in \operatorname{Aut}_{K(\xi)} E(\xi) \mid \sigma|_E = \operatorname{id}\} \\
&= \{\sigma \in \operatorname{Aut}_{K(\xi)} E(\xi) \mid \sigma(\xi) = \xi, \sigma|_E = \operatorname{id}\} \\
&= \{\operatorname{id}\}.
\end{aligned}$$

所以 π 为单射, 从而 $\operatorname{Aut}_{K(\xi)} E(\xi)$ 可解.

若 π 不是满射, 则

$$[E(\xi) : K(\xi)] = |\operatorname{Aut}_{K(\xi)} E(\xi)| \text{ 整除且小于} |\operatorname{Aut}_K E| = [E : K].$$

因此 $\operatorname{char} K(\xi) = \operatorname{char} K \nmid [E(\xi) : K(\xi)]$. 由归纳假设, 存在根式扩张 $F/K(\xi)$, 使得 $E(\xi) \subseteq F$.

若 π 是满射, 则 $\pi : \operatorname{Aut}_{K(\xi)} E(\xi) \to \operatorname{Aut}_K E$ 是同构且 $[E : K] = [E(\xi) : K(\xi)]$. 由于 $\operatorname{Aut}_{K(\xi)} E(\xi)$ 可解, 存在正规子群 H 使得 $\left(\operatorname{Aut}_{K(\xi)} E(\xi)\right)/H$ 是 $m > 1$ 阶循环群. 令 $L = H'$, 则有域的扩张链

$$K(\xi) \subseteq L \subseteq E(\xi),$$

对应的子群序列为

$$\operatorname{Aut}_{K(\xi)} E(\xi) \trianglerighteq H \trianglerighteq \{e\}.$$

由伽罗瓦基本定理 $L/K(\xi)$ 是伽罗瓦扩张且

$$\operatorname{Aut}_{K(\xi)} L \cong \left(\operatorname{Aut}_{K(\xi)} E(\xi)\right)/H$$

是 m 阶循环群. 因此 $L/K(\xi)$ 是循环扩张. 显然 $m \mid n$, 因此 $K(\xi)$ 中存在 m 次本原单位根 $\eta := \xi^{\frac{n}{m}}$ 且 $\operatorname{char} K(\xi) \nmid m$. 根据定理 5.16, 存在 $a \in K(\xi)$ 使得 L 为

$x^m - a$ 在 $K(\xi)$ 上的分裂域. 令 $u \in L$ 为 $x^m - a$ 的一个根, 则 $x^m - a$ 的所有根为 $u, \eta u, \cdots, \eta^{m-1}u$, 所以 $L = K(\xi)(u) = K(\xi, u)$ 为 K 的根式扩张. 此时

$$[E:K] = [E(\xi):K(\xi)] = [E(\xi):L][L:K(\xi)] = [E(\xi):L]m > [E(\xi):L].$$

而 $\mathrm{Aut}_L E(\xi) \leqslant \mathrm{Aut}_{K(\xi)} E(\xi)$, 因此 $\mathrm{Aut}_L E(\xi)$ 可解, 且由 $\mathrm{char}\, K \nmid [E:K]$ 可知, $\mathrm{char}\, L \nmid [E(\xi):L]$, 故 $E(\xi)$ 与 L 符合定理的条件, 由归纳假设, 存在根式扩张 F/L, 使得 $E(\xi) \subseteq F$. □

由此, 我们得到伽罗瓦最主要的结论.

推论 6.9　假设 K 为域而 $f(x) \in K[x]$ 为 n 次多项式且满足 $\mathrm{char}\, K \nmid n!$. 那么 $\mathrm{Gal}(f)$ 可解当且仅当 $f(x)$ 在 K 上可根式解.

证明　假设 E 为 $f(x)$ 在 K 上的分裂域, 由第 2 章习题 6 有 $[E:K] \mid n!$, 从而 $\mathrm{char}\, K \nmid [E:K]$. 利用定理 6.8 和推论 6.7 得证. □

6.5　根式解公式

前面我们讨论了多项式可根式解与其伽罗瓦群的关系, 但并没有解释为什么像 $x^2 + ax + b = 0$ 这样的方程会有一个统一的根式解公式

$$\frac{-a \pm \sqrt{a^2 - 4b}}{2},$$

甚至没有解释为什么会存在根式解的求根公式. 当然由于有些具体的 5 次方程不能根式解, 确实更加直接地排除了一般 5 次以上方程有统一的根式解的公式的可能性. 本节我们来讨论什么样的多项式有统一的根式解公式.

摆在我们面前的一个问题是, 怎样定义统一的根式解? 实际上, 我们可以通过 $x^2 + ax + b = 0$ 这个例子来说明. 我们假设 a, b 为 $\mathbb{Q}$ 上代数无关, $\mathbb{Q}(a,b)$ 为 $\mathbb{Q}$ 上的二元有理多项式构成的域, $x^2 + ax + b$ 可以看成 $\mathbb{Q}(a,b)[x]$ 中多项式, 由于 $x^2 + ax + b = 0$ 在域 $\mathbb{Q}(a,b)$ 上可以根式解, 因此 $x^2 + ax + b = 0$ 就有统一的根式解.

一般来说, 假设 F 为域, $F(t_1, \cdots, t_m)$ 为 F 上的 m 元有理多项式构成的域, 如果 $f(t_1, \cdots, t_m, x) \in F(t_1, \cdots, t_m)[x]$ 对应的方程在 $F(t_1, \cdots, t_m)$ 上可以根式解, 则称 $f(t_1, \cdots, t_m, x) = 0$ 形式的方程在 F 上有**统一的根式解**, 即存在**根式解公式**. 例如 $\mathbb{Q}(s,t)[x]$ 中多项式

$$x^4 - tx^2 + s$$

在 $\mathbb{Q}(s,t)$ 上的伽罗瓦群是 D_4, 为可解群, 从而这个多项式形式的代数方程是存在求根公式的.

定理 6.10 假设 K 是域, 而 $F := K(t_1, \cdots, t_n)$ 为 K 的 n 元有理多项式构成的域, 那么 $F[x]$ 中多项式

$$f_n(x) = x^n - t_1 x^{n-1} + t_2 x^{n-2} + \cdots + (-1)^n t_n$$

在 F 上的伽罗瓦群同构于 S_n.

对于这个定理的证明, 我们需要下面这个引理.

引理 6.11 假设 $K(x_1, \cdots, x_n)$ 为域 K 上的 n 元有理多项式构成的域, 而

$$s_1 = x_1 + x_2 + \cdots + x_n,$$
$$s_2 = \sum_{1 \leqslant i < j \leqslant n} x_i x_j,$$
$$\cdots\cdots$$
$$s_n = x_1 x_2 \cdots x_n$$

为关于 $x_1, \cdots, x_n$ 的初等对称多项式, 那么

$$\mathrm{Aut}_{K(s_1, \cdots, s_n)} K(x_1, \cdots, x_n) \cong S_n.$$

证明 对任意 $f(x_1, \cdots, x_n) \in K[x_1, \cdots, x_n]$ 和 $\sigma \in S_n$, 我们定义

$$\sigma f(x_1, \cdots, x_n) := f(x_{\sigma(1)}, \cdots, x_{\sigma(n)}).$$

如果 f 为对称多项式, 则 $\sigma f = f$. 因此我们得到群同态

$$\pi : S_n \longrightarrow \mathrm{Aut}_{K(s_1, \cdots, s_n)} K(x_1, \cdots, x_n),$$
$$\sigma \mapsto \left(\frac{f}{g} \mapsto \frac{\sigma f}{\sigma g} \right).$$

如果 $\pi(\sigma) = \mathrm{id}$, 那么 $x_i = x_{\sigma(i)}$ 对所有 $i = 1, \cdots, n$ 成立, 从而 $\sigma = e$. 因此 $\mathrm{Ker}\,\pi = \{e\}$, π 为单射, 只需要再证明 π 为满射即可. 现在 $x_1, \cdots, x_n$ 为 $K(s_1, \cdots, s_n)[t]$ 中多项式

$$g_n(t) = t^n - s_1 t^{n-1} + \cdots + (-1)^{n-1} s_{n-1} t + (-1)^n s_n$$

在 $K(x_1, \cdots, x_n)$ 中的根且互不相同, 因此 $K(x_1, \cdots, x_n)$ 为可分多项式 $g_n(t)$ 在 $K(s_1, \cdots, s_n)$ 上的分裂域, 从而其伽罗瓦群的阶数不超过 $n! = |S_n|$. 这使得 π 必然为满同态, 因此 π 为同构. $\qquad\square$

利用这个引理, 我们可以很方便地给出定理 6.10 的证明.

定理 6.10 的证明   假设 $u_1, \cdots, u_n$ 为 $f_n(t)$ 在 F 上的分裂域 E 中的根, 则 $E = F(u_1, \cdots, u_n)$. 假设 $K[x_1, \cdots, x_n]$ 为 K 上的 n 元多项式环, 而 $s_1, \cdots, s_n$ 是如上面引理证明中关于 $x_1, \cdots, x_n$ 的初等对称多项式. 由根与系数关系可得

$$t_i = s_i(u_1, \cdots, u_n), \quad i = 1, \cdots, n.$$

考虑环同态

$$\begin{aligned} \pi : K[t_1, \cdots, t_n] &\longrightarrow K[s_1, \cdots, s_n], \\ f(t_1, \cdots, t_n) &\mapsto f(s_1, \cdots, s_n), \end{aligned}$$

如果 $\pi(f) = 0$, 则

$$f(s_1(u_1, \cdots, u_n), \cdots, s_n(u_1, \cdots, u_n)) = 0,$$

从而 $f(t_1, \cdots, t_n) = 0$. 因此 π 为单射. 显然 π 是满射. 所以 π 是环同构, 从而诱导商域的同构

$$\pi : F = K(t_1, \cdots, t_n) \longrightarrow K(s_1, \cdots, s_n).$$

现在 E 和 $K(x_1, \cdots, x_n)$ 分别为 $f_n(t)$ 和上面引理证明中的 $g_n(t)$ 在 F 和 $K(s_1, \cdots, s_n)$ 上的分裂域, 且 $\pi f_n(t) = g_n(t)$, 由分裂域的唯一性, π 可扩展为 E 和 $K(x_1, \cdots, x_n)$ 之间的域同构.   因此 $f_n(t)$ 在 F 上的伽罗瓦群 $\mathrm{Aut}_F E$ 与 $\mathrm{Aut}_{K(s_1, \cdots, s_n)} K(x_1, \cdots, x_n)$ 同构, 而后者同构于 S_n. □

由定理 6.10 和定理 6.6 也可以得出阿贝尔–鲁菲尼定理: 一般地, $n \geqslant 5$ 次代数方程不能统一根式解. 根据定理 6.8, 当域的特征不被 2 和 3 整除的情况下, 低于 5 次的代数方程是可以统一根式解的, 即有求根公式.

6.6   伽罗瓦反问题

由定理 6.10 可知, 对任意正整数 n, 存在有限伽罗瓦扩张 E/K 使得 $\mathrm{Aut}_K E \cong S_n$. 对任意 S_n 的子群 G, 由伽罗瓦基本定理, E/G' 仍然是有限伽罗瓦扩张且相应的伽罗瓦群是 G. 然而任意有限群 G 都同构于某个 S_n 的子群 (凯莱 (Cayley) 定理), 因此总存在有限伽罗瓦扩张 E/L 使得 $\mathrm{Aut}_L E \cong G$. 这说明任意有限群都可以实现为有限伽罗瓦扩张的伽罗瓦群.

如果我们要求必须是 $\mathbb{Q}$ 上的有限伽罗瓦扩张, 那问题就没那么简单了. 经典的**伽罗瓦反问题** (inverse Galois problem) 为如下形式.

问题 6.12   确定一个给定的有限群是否为 $\mathbb{Q}$ 上的有限伽罗瓦扩张的伽罗瓦群.

由于有限的伽罗瓦扩张是有限正规扩张, 从而也是某个多项式的分裂域, 因此这个问题也可以说成是: 对于给定的有限群 G, 确定是否存在一个有理系数多项式, 使得其在 $\mathbb{Q}$ 上的伽罗瓦群同构于 G.

克罗内克 (Kronecker, 1823—1891) 在 1853 年猜想有限阿贝尔群可以实现为 $\mathbb{Q}$ 上有限伽罗瓦扩张的伽罗瓦群, 克罗内克本人和韦伯 (Heinrich Weber, 1842—1913) 给出过部分情形的证明, 完整的证明由希尔伯特在 1896 年给出, 称为**克罗内克–韦伯定理**. 这里, 我们利用分圆域的性质给出这个定理的一个证明.

定理 6.13 *对任意有限阿贝尔群 G, 都存在有限伽罗瓦扩张 $E/\mathbb{Q}$ 使得 $\mathrm{Aut}_{\mathbb{Q}} E \cong G$.*

证明 由有限阿贝尔群的结构定理, G 可以写成循环群的直和, 即

$$G \cong C_{n_1} \times \cdots \times C_{n_r},$$

其中 $n_1, \cdots, n_r$ 为大于 1 的正整数. 由狄利克雷定理 (定理 5.14), 存在两两不同的素数 $p_1, \cdots, p_r$ 以及正整数 $m_1, \cdots, m_r$ 使得 $p_i = 1 + m_i n_i, i = 1, \cdots, r$. 考虑 $n = p_1 \cdots p_r$, 令 E 为 $x^n - 1$ 在 $\mathbb{Q}$ 上的分裂域. 由定理 5.13 知 $\mathrm{Aut}_{\mathbb{Q}} E \cong U(\mathbb{Z}_n)$, 即剩余类环 $\mathbb{Z}_n$ 中乘法可逆元构成的群. 由中国剩余定理得 $\mathbb{Z}_n \cong \mathbb{Z}_{p_1} \times \cdots \times \mathbb{Z}_{p_r}$. 因此

$$U(\mathbb{Z}_n) \cong U(\mathbb{Z}_{p_1}) \times \cdots \times U(\mathbb{Z}_{p_r}).$$

对于 $i = 1, \cdots, r$, 由于 $\mathbb{Z}_{p_i}$ 为域, 所以 $U(\mathbb{Z}_{p_i}) = \mathbb{Z}_{p_i}^*$ 为 $p_i - 1$ 阶群. 再根据引理 5.10 可得 $U(\mathbb{Z}_{p_i})$ 是 $p_i - 1 = m_i n_i$ 阶循环群. 假设 $U(\mathbb{Z}_{p_i}) = \langle \omega_i \rangle$, 则 $H := \langle \omega^{n_1} \rangle \times \cdots \times \langle \omega^{n_r} \rangle$ 为 $U(\mathbb{Z}_{p_1}) \times \cdots \times U(\mathbb{Z}_{p_r})$ 的 $m_1 \cdots m_r$ 阶子群且商群同构于 $C_{n_1} \times \cdots \times C_{n_r} \cong G$. 这里我们将 $\mathrm{Aut}_{\mathbb{Q}} E$ 与 $U(\mathbb{Z}_{p_1}) \times \cdots \times U(\mathbb{Z}_{p_r})$ 等同, 令 L 为 $E/\mathbb{Q}$ 中与 H 对应的中间域. 由于 H 是 $\mathrm{Aut}_{\mathbb{Q}} E$ 的正规子群, 由伽罗瓦基本定理 $L/\mathbb{Q}$ 是伽罗瓦扩张, 且相应的伽罗瓦群同构于 $(\mathrm{Aut}_{\mathbb{Q}} E)/H$, 与 G 同构. □

伽罗瓦反问题至今没有完全解决, 并且仍然是代数数论中活跃的研究领域, 其研究方法涉及模形式等现代数学工具. 希尔伯特最早对伽罗瓦反问题进行系统性研究, 他的不可约定理是研究伽罗瓦反问题的重要工具, 对 $G = S_n$ 或 A_n, 他证明了在 $\mathbb{Q}$ 上无穷多个以 G 为伽罗瓦群的伽罗瓦扩张. 诺特 (Noether, 1882—1935)、塞尔 (Serre, 1926—)、汤普森等数学家都对伽罗瓦反问题做过深入研究. 1954 年, 沙法列维奇 (Shafarevich, 1923—2017) 证明了伽罗瓦反问题对可解群成立[9,10]. 伽罗瓦反问题的最新进展可参见文献 [8].

习　题

1. 假设 F/K 为根式扩张, E 为中间域. 证明: F/E 为根式扩张.

2. 假设 F/E, E/K 为根式扩张. 证明: F/K 为根式扩张.

3. 假设 F/K 为根式扩张, N/F 为 F/K 的**正规闭包** (参见第 3 章习题 9). 证明: N/K 为根式扩张.

4. 令 $f \in K[x]$ 为 $n \geqslant 5$ 次不可约多项式, u 为 f 在其分裂域 F 中的一个根. 假定 $\mathrm{Aut}_K F \cong S_n$. 证明:

(1) $K(u)/K$ 不是伽罗瓦扩张; $\mathrm{Aut}_K K(u)$ 可解.

(2) 不存在 K 的根式扩域 E 使得 $K \subset K(u) \subset E$.

5. 判断 $f(x) = x^5 + x^4 - x^3 - 4x^2 - 4x - 2 \in \mathbb{Q}[x]$ 能否根式解.

第7章 尺规作图

尺规作图要求用无刻度的直尺和圆规在平面上作图. 在中学的时候我们曾经通过尺规作图找线段的中点、角平分线等. 古希腊有三个著名的尺规作图问题:

- 画圆为方: 给定一个圆, 作出与圆面积相等的正方形.
- 倍立方: 给定立方体, 求作一个立方体, 使得体积是原立方体体积的两倍.
- 三等分任意角.

通过本章和下一章, 我们将发现这三个作图都不能通过尺规作图实现.

7.1 尺规可作点

由于尺规作图是在平面上进行的, 可以用复数来表达平面上的点. 如果给定平面上的一些点组成的集合 S_0, 通过直尺或者圆规, 我们可以做下面两个基本的操作:

(1) 通过 S_0 中两个不同的点作直线;

(2) 以 S_0 中一点为圆心, S_0 中任意两点的距离为半径做圆.

通过上面两种基本操作产生的圆或者直线之间的交点称为可以从 S_0 一步可作, 所有这样的点组成的集合记为 S_1. 同样地, 从 $S_0 \cup S_1$ 一步可作的点的集合记为 S_2. 这样对任意正整数 m, 我们可以归纳地定义从 $S_0 \cup S_1 \cup \cdots \cup S_m$ 一步可作的点的集合记为 S_{m+1}. 可以想象

$$\bigcup_{i \geqslant 0} S_i$$

就是所有从 S_0 出发通过尺规作图能作出来的点, 称为从 S_0 出发的可作点. 一个图形是否尺规可作取决于有没有决定这个图形的可作点. 一个角可作当且仅当它的顶点和两条边上分别有一点可作, 一个圆可作当且仅当其圆心和半径可作. 一个角的角平分线尺规可作可以理解为从这个角的顶点以及两条边上分别取一点组

成的三个点的集合出发, 其角平分线上有一点是可作点. 过直线上一点可以作这条直线的垂线可以理解为从直线上两点 P, Q 出发, 过 P 点的垂线上有一点是可作的. 图 7-1 演示的正是过直线上一点作其垂线的过程. 我们知道, 过直线外一点作这条直线的平行线也是尺规可作的.

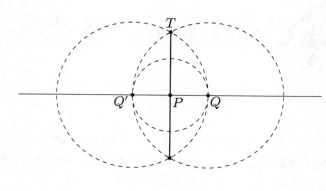

图 7-1

在平面上任给两个不同的点 P, Q, 我们可以以 P 为坐标原点, Q 为 $(1,0)$ 点建立直角坐标系. 这样平面上的点与复数之间一一对应: 坐标 (a, b) 的点对应到 $a + b\mathrm{i}$. 如果 $z \in \mathbb{C}$ 对应的点为可以从 $\{(0,0), (1,0)\}$ 出发的可作点, 我们称 z 是可作的.

对任意 $S \subseteq \mathbb{C}$, 从 $S \cup \{0,1\}$ 出发可作的所有复数组成的全体记为 $\mathcal{C}(S)$.

引理 7.1　　对 $S \subseteq \mathbb{C}$, $\mathcal{C}(S)$ 是 $\mathbb{C}$ 的包含 S 和 i 且关于共轭和取平方根封闭的子域.

证明　　显然 $S \subseteq \mathcal{C}(S), \mathrm{i} \in \mathcal{C}(S)$. 如果 $z \in \mathcal{C}(S)$, 可作其关于 x 轴的对称点, 因此 $\bar{z} \in \mathcal{C}(S)$. 所以 $\mathcal{C}(S)$ 是共轭封闭的. 注意到 $z = a + b\mathrm{i}$ 属于 $\mathcal{C}(S)$, 当且仅当 $a, b \in \mathcal{C}(S)$. 实际上, 从 z 向 x, y 轴引垂线可得 a, b. 从 a, b 出发也可作出 $a + b\mathrm{i}$.

如果正实数 $a, b \in \mathcal{C}(S)$, 显然 $a \pm b$ 可通过 a, b 作出. $1/a$ 和 ab 可以通过平行线分线段成比例的性质得出, $\sqrt{a}$ 也可作, 如图 7-2 所示.

由此, 对于 $z_1, z_2 \in \mathcal{C}(S)$ 且 $z_2 \neq 0$, 通过加、减、乘、除所得 $z_1 \pm z_2, z_1 z_2, z_1/z_2$ 都可作出, 属于 $\mathcal{C}(S)$. 因此 $\mathcal{C}(S)$ 为 $\mathbb{C}$ 的子域. 最后, 对任意 $z = a + b\mathrm{i} \in \mathcal{C}(S)$, 不妨设 $b \geqslant 0$ (否则, 可考虑 $\bar{z}$), 由前面的讨论, 其平方根

$$\sqrt{\frac{a + \sqrt{a^2 + b^2}}{2}} + \mathrm{i}\sqrt{\frac{-a + \sqrt{a^2 + b^2}}{2}}$$

可作, 从而属于 $\mathcal{C}(S)$. 因此 $\mathcal{C}(S)$ 对取平方根封闭.　　　□

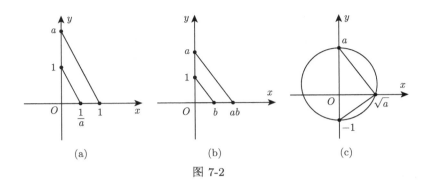

图 7-2

7.2 可作点的判定

根据引理 7.1和伽罗瓦扩张的基本理论, 我们可以对可作点构成的 $\mathbb{C}$ 的子域做更为详细的描述.

推论 7.2 假设 $S \subseteq \mathbb{C}$, F 为 $\mathcal{C}(S)$ 的子域. 如果域扩张 $F \subseteq E \subseteq \mathbb{C}$ 的扩张次数 $[E : F] \leqslant 2$. 那么 $E \subseteq \mathcal{C}(S)$.

证明 显然 $E = F(z)$ 为单扩张, 且 z 为 F 上 2 次不可约多项式 $x^2 + bx + c$ 在 $\mathbb{C}$ 中的根, 形如

$$\frac{-b \pm \sqrt{b^2 - 4c}}{2}.$$

由于 $\mathcal{C}(S)$ 关于取平方根封闭, 因此 $z \in \mathcal{C}(S)$, 从而 $E = F(z) \subseteq \mathcal{C}(S)$. □

由此我们可以发现如果存在 $\mathbb{C}$ 的子域的二次扩张链

$$\mathbb{Q}(S, \bar{S}) = F_0 \subseteq F_1 \subseteq \cdots \subseteq F_m,$$

即 $F_k, k = 1, \cdots, m$ 都是 $\mathbb{C}$ 的子域且 $[F_k : F_{k-1}] = 2$ 对所有 $k = 1, \cdots, m$ 成立, 那么 $F_m \subseteq \mathcal{C}(S)$. 一个自然的问题是, $\mathcal{C}(S)$ 中的元素是否都属于这样的一个扩张链呢? 答案是肯定的.

定理 7.3 假设 $S \subseteq \mathbb{C}$. 复数 $z \in \mathcal{C}(S)$ 当且仅当存在 $\mathbb{C}$ 的子域的二次扩张链

$$\mathbb{Q}(S, \bar{S}) = F_0 \subseteq F_1 \subseteq \cdots \subseteq F_m$$

使得 $z \in F_m$.

为了证明的简捷, 我们先证明下面这个引理.

引理 7.4 假设 F 是 $\mathbb{C}$ 的包含 i 且关于共轭封闭的子域, 而 $z \in \mathbb{C}$ 是从 F 一步可作的复数, 那么 $F(z) = F(z, \bar{z})$ 且 $[F(z) : F] \leqslant 2$.

证明 令 $L = F \cap \mathbb{R}$. 对任意 $a + bi \in F$, 由 F 关于共轭封闭, 可得 $a \in F$, 再利用 $i \in F$ 可得 $b \in F$, 所以 $a, b \in L$. 反过来, 如果 $a, b \in L$, 由 $i \in F$ 得 $a + bi \in F$. 所以 $F = L(i)$. 即 F 中的元素恰为那些坐标都在 L 中的点对应的复数.

由于 $z = a + bi$ 从 F 一步可作, 因此 z 对应的坐标 (a, b) 为以 L 中元素为系数的直线或者圆之间的交点, 即两个形如

$$Ax + By + C = 0, \quad x^2 + y^2 + Dx + Ey + G = 0$$

的方程对应图形的交点, 其中 $A, B, C, D, E, G \in L$. 如果 z 是两条这样的直线的交点, 其坐标依然属于 L, 此时 $z \in F$, $F(z, \bar{z}) = F$. 如果 z 是如上一条直线与圆的交点, 不妨设直线为 $Ax + By + C = 0$ 且 $A \neq 0$, 那么将 x 用 y 表示并代入圆的方程可得 z 的坐标 (a, b) 中的 b 是 $L[x]$ 中二次多项式的根, 所以 $[L(b) : L] \leqslant 2$ 且 $a \in L(b)$. 此时容易验证 $F(z, \bar{z}) = L(a, b, i) = L(b, i)$, 从而有

$$[F(z, \bar{z}) : F] = [L(b, i) : L(i)] \leqslant [L(b) : L] \leqslant 2.$$

最后, 如果 z 是两个如上形式的圆的交点, 那么 z 也是这两个圆的方程之差对应的直线与其中一个圆的交点, 结论成立. □

定理 7.3 的证明 充分性由推论 7.2后的讨论可得. 下证必要性. 如果 $z \in \mathcal{C}(S)$, 即 z 是从 S 出发可作的, 那么存在复数序列

$$z_1, z_2, \cdots, z_m = z,$$

使得对每个 $k = 1, \cdots, m$, z_k 是从 $S \cup \{z_1, \cdots, z_{k-1}\}$ 一步可作的. 记

$$F_k = \mathbb{Q}(S, \bar{S}, i, z_1, \cdots, z_k, \bar{z}_1, \cdots, \bar{z}_k), \quad k = 1, \cdots, m,$$

这里 $F_0 = \mathbb{Q}(S, \bar{S}, i)$. 每个 F_k 都包含 i 且关于共轭封闭, 且 $F_{k+1} = F_k(z_{k+1}, \bar{z}_{k+1})$. 由于 z_{k+1} 可以从 F_k 一步可作, 由引理 7.4, $[F_{k+1} : F_k] \leqslant 2$ 对所有 $k \geqslant 0$ 成立. 考虑到

$$[\mathbb{Q}(S, \bar{S}, i) : \mathbb{Q}(S, \bar{S})] \leqslant 2,$$

从扩张链

$$\mathbb{Q}(S, \bar{S}) \subseteq \mathbb{Q}(S, \bar{S}, i) \subseteq F_1 \subseteq \cdots \subseteq F_m$$

中去掉扩张次数为 1 的情形便得到所求的二次扩张链. □

虽然有定理 7.3, 但给出一个具体的复数, 要判定 z 是否在这样的一个二次扩张链中依然是一件不容易的事情. 如果我们考虑 z 在 $\mathbb{Q}(S, \bar{S})$ 上的极小多项式 $f(x)$ 在 $\mathbb{Q}(S, \bar{S})$ 上的分裂域 E, 那么 $E/\mathbb{Q}(S, \bar{S})$ 为伽罗瓦扩张. 是否可能通过这个扩张的性质来判断 z 可否从 S 出发可作呢?

定理 7.5　假设 $S \subseteq \mathbb{C}$, $z \in \mathbb{C}$, $f(x)$ 为 z 在 $\mathbb{Q}(S, \bar{S})$ 上的极小多项式, 那么下面几条等价.

(1) z 从 S 出发可作.

(2) 存在扩张次数为 2 的方幂的伽罗瓦扩张 $E/\mathbb{Q}(S, \bar{S})$ 使得 $z \in E$.

(3) $f(x)$ 在 $\mathbb{Q}(S, \bar{S})$ 上的分裂域为 $\mathbb{Q}(S, \bar{S})$ 的 2 的方幂次扩张.

证明　为了记号方便, 在这个证明中我们记 $K = \mathbb{Q}(S, \bar{S})$.

显然 (3) 可以推出 (2).

(2) $\Rightarrow$ (1)　现在假设 (2) 成立. 由于 E/K 是 2^m 次的伽罗瓦扩张, 所以 $\mathrm{Aut}_K E$ 是 2^m 阶群. 由西罗第一定理, 存在子群序列

$$\{\mathrm{id}\} = H_0 \leqslant H_1 \leqslant \cdots \leqslant H_m = \mathrm{Aut}_K E,$$

使得 $[H_{k+1} : H_k] = 2, k = 0, \cdots, m-1$. 由伽罗瓦基本定理有二次扩张链

$$K = (H_m)' \subseteq (H_{m-1})' \subseteq \cdots \subseteq (H_0)' = E.$$

利用定理 7.3, z 从 S 出发可作, 即 (1) 成立.

(1) $\Rightarrow$ (3)　假设 z 从 S 出发可作, 由定理 7.3, 存在二次扩张链

$$K = F_0 \subseteq F_1 \subseteq \cdots \subseteq F_m,$$

使得 $z \in F_m$. 可假设 $z \notin F_{m-1}$. 对 $k = 1, \cdots, m$, 令 $u_k \in F_k \backslash F_{k-1}$ 且 $u_m = z$, 取 u_k 在 $\mathbb{Q}(S, \bar{S})$ 上的极小多项式为 $g_k(x)$, 其中 $g_m(x) = f(x)$. 假设 F 为 $g_1(x)g_2(x) \cdots g_m(x)$ 在 K 上的分裂域. 由引理 3.7, $g_k(x)$ 在 $F[x]$ 中可分解为一次因式乘积且每个根都形如 $\sigma(u_k)$, 其中 $\sigma \in \mathrm{Aut}_K F$. 如此, 对每个 $\sigma \in \mathrm{Aut}_K F$,

$$K \subseteq K(\sigma(u_1)) \subseteq \cdots \subseteq K(\sigma(u_1), \cdots, \sigma(u_m))$$

是二次扩张链. 假设 $\mathrm{Aut}_K F = \{\mathrm{id} = \sigma_0, \sigma_1, \cdots, \sigma_r\}$, 我们得到 r 个扩张链

$$K \subseteq K(u_1) \subseteq \cdots \subseteq K(u_1, \cdots, u_m) =: K_1,$$

$$K_1 \subseteq K_1(\sigma_1(u_1)) \subseteq \cdots \subseteq K_1(\sigma_1(u_1), \cdots, \sigma_1(u_m)) =: K_2,$$

$$\cdots\cdots$$

$$K_r \subseteq K_r(\sigma_r(u_1)) \subseteq \cdots \subseteq K_r(\sigma_r(u_1), \cdots, \sigma_r(u_m)) = F.$$

相邻的两个域的扩张次数都不超过 2. 从而存在 K 到 F 的二次扩张链, 因此 $[F : K]$ 是 2 的方幂. 由于 $f(x) = g_m(x)$ 在 $F[x]$ 中可分解为一次因式的乘积, 因此 F 包含 $f(x)$ 在 K 上分裂域 E, 从而 $[E : K] \mid [F : K]$ 也是 2 的方幂.　$\square$

推论 7.6   假设 $z \in \mathbb{C}$ 为 $\mathbb{Q}$ 上代数元, 其在 $\mathbb{Q}$ 上的极小多项式为 $p(x)$. 如果 z 尺规可作, 那么 $\deg p(x)$ 为 2 的方幂.

证明   令 E 为 $p(x)$ 在 $\mathbb{Q}$ 上的分裂域. 在定理 7.5 中取 $S = \varnothing$ 有 $[E : \mathbb{Q}]$ 是 2 的方幂. 由于 $\deg p(x) = [\mathbb{Q}(z) : \mathbb{Q}]$ 整除 $[E : \mathbb{Q}]$, 因此 $\deg p(x)$ 也是 2 的方幂. □

例 7.7   我们先来考察是否可以通过尺规作图三等分任意角. 特别地, 能否对 30 度角进行 3 等分, 也就是说 10 度角是不是尺规可作的. 令 $\theta = \pi/18$ 为 10 度角, 由 3 倍角的正弦公式

$$\sin 3\theta = 3\sin\theta - 4\sin^3\theta$$

可知 $\sin\dfrac{\pi}{18}$ 是三次方程

$$4x^3 - 3x + \frac{1}{2} = 0$$

的根. 容易验证 $f(x) = 8x^3 - 6x + 1$ 没有有理根, 是 $\mathbb{Q}[x]$ 中不可约多项式, 从而为 $\sin\dfrac{\pi}{18}$ 在 $\mathbb{Q}$ 上的极小多项式. 但 $\deg f(x) = 3$ 不是 2 的方幂. 由上面的推论得 $\sin\dfrac{\pi}{18}$ 不是尺规可作的. 因此 10 度角并不是尺规可作的, 这也导致我们不能通过尺规作图将 $\dfrac{\pi}{6}$ 三等分.

利用同样的方法, 我们发现倍立方尺规可作等价于 $\sqrt[3]{2}$ 尺规可作. 但 $\sqrt[3]{2}$ 在 $\mathbb{Q}$ 上极小多项式 $x^3 - 2$ 的次数不是 2 的方幂, 从而 $\sqrt[3]{2}$ 尺规不可作.

化圆为方尺规可作则等价于 $\sqrt{\pi}$ 是尺规可作的, 也等价于 π 是尺规可作的. 下一章我们将证明 π 是超越数, 并不是尺规可作的.

7.3   正多边形

一个有趣的问题是: 给定正整数 $n \geqslant 3$, 正 n 边形是否可以通过尺规作图完成? 一个有名的故事是高斯完成了正十七边形的尺规作图. 为什么正十七边形可以尺规作图呢? 本节我们来探讨哪些正多边形可以尺规作图来完成.

根据我们前面的讨论, 正 n 边形可以尺规作图当且仅当单位圆的 n 等分点是尺规可作的, 当且仅当 n 次本原单位根

$$\xi = \mathrm{e}^{\frac{2\pi\mathrm{i}}{n}}$$

是尺规可作的. 由于分圆多项式 $\Phi_n(x)$ 为 ξ 在 $\mathbb{Q}$ 上极小多项式, 且 $\mathbb{Q}(\xi)$ 恰为 $\Phi_n(x)$ 在 $\mathbb{Q}$ 上的分裂域. 由定理 7.5, ξ 尺规可作当且仅当

$$[\mathbb{Q}(\xi) : \mathbb{Q}] = \deg\Phi_n(x) = \varphi(n)$$

是 2 的方幂. 一个形如 $2^s + 1$ 的奇素数 p 称为**费马素数**, 例如 $5, 17$ 等.

定理 7.8 对于 $n \geqslant 3$, 正 n 边形尺规可作当且仅当 n 有如下分解:

$$n = 2^r p_1 \cdots p_s,$$

其中 $p_1, \cdots, p_s$ 为两两不同的费马素数.

证明 由上面的讨论, 我们知道正 n 边形尺规可作当且仅当 $\varphi(n)$ 是 2 的方幂. 由于 $\varphi(n) = |U(\mathbb{Z}_n)|$ 是环 $\mathbb{Z}_n$ 中可逆元的个数. 假设 $n = 2^r p_1^{n_1} \cdots p_s^{n_s}$ 为 n 的素数分解. 由中国剩余定理, 我们有环同构:

$$\mathbb{Z}_n \cong \mathbb{Z}_{2^r} \times \mathbb{Z}_{p_1^{n_1}} \times \cdots \times \mathbb{Z}_{p_s^{n_s}},$$

从而有群同构

$$U(\mathbb{Z}_n) \cong U(\mathbb{Z}_{2^r}) \times U(\mathbb{Z}_{p_1^{n_1}}) \times \cdots \times U(\mathbb{Z}_{p_s^{n_s}}).$$

所以

$$\begin{aligned}
|U(\mathbb{Z}_n)| &= |U(\mathbb{Z}_{2^r})| \cdot \prod_{i=1}^{s} |U(\mathbb{Z}_{p_i^{n_i}})| \\
&= \varphi(2^r) \cdot \prod_{i=1}^{s} \varphi(p_i^{n_i}) \\
&= 2^{r-1} \cdot \prod_{i=1}^{s} p_i^{n_i - 1}(p_i - 1).
\end{aligned}$$

因此 $\varphi(n)$ 是 2 的方幂当且仅当对任意 $i = 1, 2, \cdots, s$ 有 $n_i = 1$ 且 $p_i - 1$ 是 2 的方幂, 即

$$n = 2^r p_1 \cdots p_s,$$

其中 $p_1, \cdots, p_s$ 为两两不同的费马素数. $\qquad\square$

实际上, 当 $p = 2^m + 1$ 是费马素数时, m 也是 2 的方幂, 否则假设 $m = 2^r t$, 其中 $t > 1$ 为奇数, 则

$$2^{2^r} - (-1) \mid (2^{2^r})^t - (-1)^t = p,$$

与 p 为素数矛盾. 前几个费马素数为 $3, 5, 17, 257, 65537$.

高斯在 1796 年给出了定理 7.8 中充分性的证明, 即证明了如果 n 的所有奇素数因子都是费马素数且重数为 1, 那么正 n 边形是尺规可作的. 他并没有使用群的语言. 定理 7.8 中必要性的证明由旺策尔 (Pierre Laurent Wantzel, 1814—1848) 在 1837 年给出, 在这篇论文中旺策尔实际上还证明了倍立方和三等分任意角都是尺规不可作问题.

下面我们介绍正五边形和正十七边形的尺规作图方法, 此方法由里奇蒙德 (Richmond, 1863—1948) 在 1893 年给出.

例 7.9　图 7-3 展示的是正五边形尺规作图的过程:

(1) 作出点 $A(1,0), B(0,1/2)$, 连接 AB.

(2) 作 $\angle ABO$ 的角平分线交 x 轴于 C.

(3) 过 C 作 x 轴的垂线交单位圆上方于 D, 则 AD 为正五边形边长.

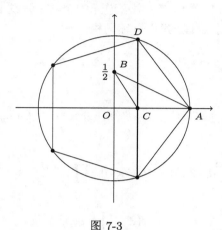

图 7-3

这里我们简单解释一下. 令 $\theta = \angle OBC$, 则

$$2 = \tan 2\theta = \frac{2\tan\theta}{1 - \tan^2\theta}.$$

这说明 $\tan\theta$ 是多项式 $g(x) = x^2 + x - 1$ 的正根. 令 $\xi = \mathrm{e}^{\frac{2\pi i}{5}}$, 则有

$$
\begin{aligned}
g(\xi + \xi^{-1}) &= (\xi + \xi^{-1})^2 + (\xi + \xi^{-1}) - 1 \\
&= \xi^2 + \xi^{-2} + 2 + \xi + \xi^{-1} - 1 \\
&= \xi^4 + \xi^3 + \xi^2 + \xi + 1 = 0.
\end{aligned}
$$

因此 $2\cos\dfrac{2\pi}{5} = \xi + \xi^{-1}$ 也是 $g(x)$ 的正根, 从而有 $2\cos\dfrac{2\pi}{5} = \tan\theta$, 即

$$\cos\frac{2\pi}{5} = \frac{1}{2}\tan\theta = |OB|\tan\theta = |OC|.$$

因此 $\angle DOA = \dfrac{2\pi}{5}$.

例 7.10   图 7-4 展示的是正十七边形的作图过程:

(1) 先作以 O 为圆心, 4 为半径的圆, 并找出点 $B(0,1)$;

(2) 找出点 C 使得 $4\angle OBC = \angle OBA$ (可两次平分角);

(3) 找出点 D 使得 $\angle CBD = \dfrac{\pi}{4}$;

(4) 找出 AD 的中点 E;

(5) 以 E 为圆心, 过 A 作圆与 y 轴上方交于 F;

(6) 以 C 为圆心, 过 F 作圆交 x 轴于 G, H;

(7) 分别过 G, H 作 x 轴垂线交上半圆于 A_3, A_5;

(8) 作 $A_3 A_5$ 垂直平分线与弧 $A_3 A_5$ 交于点 A_4, 则 A_3, A_4, A_5 为正十七边形的连续三个顶点, 其他顶点可根据这三个顶点作出.

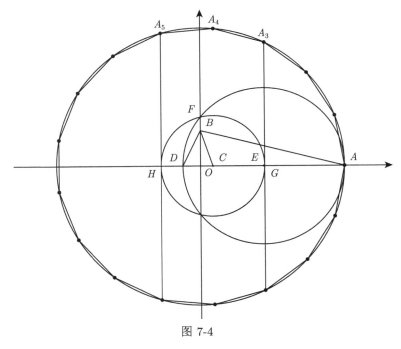

图 7-4

实际上, 假设 $\angle OBC = \theta$, 则 $\angle OBD = \dfrac{\pi}{4} - \theta$. 所以

$$|OC| = \tan\theta, \quad |OD| = \tan\left(\frac{\pi}{4} - \theta\right).$$

另外, 由作图过程, $|CG| = |CH|$, 从而有

$$-|OH| + |OG| = 2|OC| = 2\tan\theta,$$

$$-|OH| \cdot |OG| = (|OC| - |CH|)(|OC| + |CG|)$$
$$= |OC|^2 - |CF|^2$$
$$= -|OF|^2$$
$$= -|OD| \cdot |OA|$$
$$= -4\tan\left(\frac{\pi}{4} - \theta\right),$$

也就是说 $|OG|$ 和 $-|OH|$ 为关于 x 的二次方程

$$x^2 - 2\tan\theta \cdot x - 4\tan\left(\frac{\pi}{4} - \theta\right) = 0 \quad (*)$$

的根. 现假设 $\xi = \mathrm{e}^{\frac{2\pi i}{17}}$ 为 17 次本原单位根. 令

$$u = \xi^3 + \xi^{-3} = 2\cos\frac{6\pi}{17}, v = \xi^5 + \xi^{-5} = 2\cos\frac{10\pi}{17}.$$

我们将证明 $2u, 2v$ 为方程 $(*)$ 的两个根, 如此, 由 u, v 的正负性可确定

$$|OG| = 2u = 4\cos\frac{6\pi}{17},$$

$$-|OH| = 2v = 4\cos\frac{10\pi}{17}.$$

从而 A_3 和 A_5 分别是正十七边形的第 $3, 5$ 个等分点.

首先我们断言 $2u + 2v = 2\tan\theta$, 即 $w = u + v = \tan\theta$. 由于函数 $f(x) = \dfrac{2x}{1 - x^2}$ 在区间 $[0, 1]$ 上单调递增, 容易验证 $\tan\theta$ 和 w 都属于 $[0, 1]$ 这个区间. 因此 $w = \tan\theta$ 当且仅当

$$\frac{2w}{1 - w^2} = \tan 2\theta.$$

再由

$$\frac{2\tan 2\theta}{1 - \tan^2 2\theta} = \tan 4\theta = 4.$$

即 $\tan 2\theta$ 为二次方程

$$2x^2 + x - 2 = 0$$

的正根, 因此要证明 $w = \tan\theta$, 只需要证明

$$\frac{2w}{1 - w^2}$$

是方程 $2x^2 + x - 2 = 0$ 的根, 而这等价于

$$w^4 + w^3 - 6w^2 - w + 1 = 0.$$

通过详细计算可以发现等式左端为

$$13(\xi^{16} + \cdots + \xi + 1) = 0.$$

因此 $2u + 2v = 2w = 2\tan\theta$. 最后我们证明

$$2u \cdot 2v = -4\tan\left(\frac{\pi}{4} - \theta\right)$$

等价于

$$uv = \frac{\tan\theta - 1}{\tan\theta + 1} = \frac{u + v - 1}{u + v + 1}.$$

即 $u^2 v + v^2 u + uv - u - v + 1 = 0$. 通过详细计算可以发现

$$u^2 v + v^2 u + uv - u - v + 1 = \xi^{16} + \cdots + \xi + 1 = 0.$$

习 题

1. 证明: 角 α 可以利用尺规作图三等分, 当且仅当 $4x^3 - 3x - \cos\alpha$ 在 $\mathbb{Q}(\cos(\alpha))$ 中有根.

2. 证明: 任给平面上三条平行线, 通过尺规作图可作正三角形, 使得其三个顶点分别在这三条平行线上.

3. 正九边形是否尺规可作? 给定三角形, 是否可以通过尺规作图作出一个正方形使得其与所给三角形面积相同?

4. 假设 c 为 4 次有理系数不可约多项式 $g(x)$ 的根, $\mathrm{Gal}(g)$ 为 $g(x)$ 在 $\mathbb{Q}$ 上的伽罗瓦群. 证明: c 尺规可作当且仅当 $\mathrm{Gal}(g)$ 不同构于 A_4 或者 S_4.

5. 利用 $\cos 5\theta = 16\cos^5\theta - 20\cos^3\theta + 5\cos\theta$ 证明: 如果角 φ 满足 $\cos\varphi = \dfrac{5}{7}$, 那么不能用尺规作图将 φ 五等分.

第8章 e 和 π 的超越性

上一章我们知道化圆为方尺规可作等价于 π 是尺规可作的. 这一章我们将证明 π 和 e 都是超越数, 都不是尺规可作的.

8.1   代数数和代数整数

一个复数 λ 称为**代数数** (algebraic number), 如果它是 $\mathbb{Q}$ 上的代数元, 即 λ 是某个首一有理系数多项式的根. 例如 $\dfrac{1}{\sqrt{2}}$ 是首一有理数系数多项式 $x^2 - \dfrac{1}{2}$ 的根.

引理 8.1   一个复数是代数数当且仅当它是某个有理数方阵的特征值.

证明   实际上一个有理数矩阵的特征多项式是首一有理多项式, 所以有理数方阵的特征值是代数数.

反过来, 假设 λ 是代数数, 为首一有理数系数多项式

$$f(x) = x^n + a_{n-1}x^{n-1} + \cdots + a_1 x + a_0$$

的根. 由于 $f(x)$ 是其**友矩阵** (companion matrix)

$$\begin{bmatrix} 0 & 0 & \cdots & 0 & -a_0 \\ 1 & 0 & \cdots & 0 & -a_1 \\ 0 & 1 & \cdots & 0 & -a_2 \\ \vdots & \vdots & & \vdots & \vdots \\ 0 & 0 & \cdots & 1 & -a_{n-1} \end{bmatrix}$$

的特征多项式, 所以 λ 为其特征值.   □

一个首一整系数多项式在复数域中的根称为**代数整数** (algebraic integer).

　　跟上面的引理一样, 我们可以证明一个复数是代数整数, 当且仅当它是某个整数矩阵的特征值. 这个简单事实有下面这个有趣的推论.

推论 8.2　　如果 λ 是一个代数数, 那么存在整数 l 使得 $l\lambda$ 是代数整数.

证明　　首先 λ 是某个有理数方阵 A 的特征值. 令 l 为整数使得 lA 是整数矩阵, 此时 $l\lambda$ 是 lA 的特征值, 从而是代数整数. □

　　利用代数扩张的知识我们可以证明代数数在加法和乘法下是封闭的. 实际上也有比较直接的办法来说明这一点.

引理 8.3　　代数数和代数整数分别在加法和乘法下封闭.

证明　　不妨设 λ 和 μ 是代数整数, 分别是整数矩阵 A 和 B 的特征值, 特征向量分别是 α 和 β, 那么

$$\begin{aligned}(A \otimes B)(\alpha \otimes \beta) &= A\alpha \otimes B\beta \\ &= \lambda\alpha \otimes \mu\beta \\ &= (\lambda\mu)\alpha \otimes \beta,\end{aligned}$$

因此 $\lambda\mu$ 是矩阵 $A \otimes B$ 的特征值.

$$\begin{aligned}&(A \otimes I + I \otimes B)(\alpha \otimes \beta) \\ =&A\alpha \otimes \beta + \alpha \otimes B\beta \\ =&\lambda\alpha \otimes \beta + \mu\alpha \otimes \beta \\ =&(\lambda + \mu)\alpha \otimes \beta,\end{aligned}$$

因此 $\lambda + \mu$ 是 $A \otimes I + I \otimes B$ 的特征值. 所以 $\lambda + \mu, \lambda\mu$ 都是代数整数. 代数数的情况只需要考虑有理数矩阵即可. □

　　实际上所有的代数数构成的集合恰为 $\mathbb{Q}$ 上的代数闭包, 且有理数中只有整数才是代数整数.

引理 8.4　　一个有理数是代数整数当且仅当它是整数.

证明　　假设 $r/s \in \mathbb{Q}, (r, s) = 1$ 是代数整数, 为整数矩阵 A 的特征值, 则

$$\det\left(\frac{r}{s}I - A\right) = 0,$$

从而 $\det(rI - sA) = 0$. 如果 $r/s \notin \mathbb{Z}$, 令 p 为 s 的素因子, 则 $p \nmid r$, 考虑环同态

$$\pi : \mathbb{Z} \longrightarrow \mathbb{Z}_p,$$

则有

$$0 = \pi(\det(rI - sA))$$

$$= \det(\pi(rI) - \pi(sA))$$

$$= \det(\pi(rI)) \neq 0,$$

得到矛盾. □

　　如果一个复数不是代数数, 就称为**超越数** (transcendent number). 由前面代数闭包的知识, 我们知道所有代数数构成的集合 $\overline{\mathbb{Q}}$ 满足

$$|\overline{\mathbb{Q}}| \leqslant \aleph_0 \cdot |\mathbb{Q}| = \aleph_0,$$

由此可见, 所有的代数数构成的集合依然是可数的, 因此 $\mathbb{C}$ 中 "绝大多数" 都是超越数. 但哪些数是超越数呢? 特别地, e 和 π 是不是超越数呢?

8.2　林德曼–魏尔斯特拉斯定理

　　1844 年, 刘维尔 (Liouville, 1809—1882) 构造性地证明了超越数的存在性, 他证明了

$$\sum_{n=1}^{\infty} 10^{-n!}$$

是超越数, 这个数被称为**刘维尔数**. 对于 e 和 π 的超越性, 傅里叶在 1815 年证明了 e 是无理数, 直到 1875 年才由埃尔米特 (Hermite, 1822—1901) 证明了 e 是超越数. 林德曼 (Von Lindemann, 1852—1939) 基于埃尔米特的证明进一步证明了 π 是超越数. 魏尔斯特拉斯 (Weierstrass, 1815—1897) 扩展简化了林德曼的证明, 形成了下面这个定理.

　　我们称域 k 的某个扩域中的元素 $u_1, \cdots, u_n$ 在 k 上代数无关, 如果不存在 k 上的非零 n 元多项式 f 使得 $f(u_1, \cdots, u_n) = 0$, 特别地, u 在 k 上代数无关, 就是指 u 是 k 上的超越元.

　　定理 8.5 (林德曼–魏尔斯特拉斯定理)　假设 $\mathcal{A}$ 是所有代数数的全体. 如果 $u_1, \cdots, u_n$ 是代数数且 $\mathbb{Q}$ 线性无关, 那么 $e^{u_1}, \cdots, e^{u_n}$ 在 $\mathcal{A}$ 上代数无关.

　　由这个定理可以得到 e 和 π 的超越性. $e = e^1$ 在 $\mathcal{A}$ 上代数无关, 从而是超越数. 如果 π 是代数数, 那么 iπ 也是代数数, 根据这个定理 $e^{i\pi}$ 是超越数. 但是 $e^{i\pi} = -1$ 并不是超越数, 产生矛盾. 因此 π 也是超越数.

　　这一节将致力于给出这个定理的详细证明. 首先, 这个定理有个等价的形式. 从现在开始, 我们用 $\mathcal{A}$ 表示所有代数数构成的集合.

定理 8.6　如果 $u_1,\cdots,u_n$ 是互不相同的代数数, 那么 $\mathrm{e}^{u_1},\cdots,\mathrm{e}^{u_n}$ 是 $\mathcal{A}$ 线性无关的.

定理 8.5 与定理 8.6 的等价性证明　在这个证明中, 我们记 $u=[u_1,\cdots,u_n]$, 对于 n 项的有理数列 $d=[a_1,\cdots,a_n]$, 我们记 $d\cdot u = a_1u_1+\cdots+a_nu_n$.

先假设定理 8.6 成立. 假设 $u_1,\cdots,u_n$ 是 $\mathbb{Q}$ 线性无关的代数数. 要证明 $\mathrm{e}^{u_1},\cdots,\mathrm{e}^{u_n}$ 是 $\mathcal{A}$ 代数无关的, 我们只需要证明所有关于 $\mathrm{e}^{u_1},\cdots,\mathrm{e}^{u_n}$ 的单项式是 $\mathcal{A}$ 线性无关的. 对于任意不同的指数序列 $d_1,\cdots,d_m$, 由于 $u_1,\cdots,u_n$ 是 $\mathbb{Q}$ 线性无关, 因此 $d_1\cdot u,\cdots,d_m\cdot u$ 两两不同. 由定理 8.6, 对应的单项式 $\mathrm{e}^{d_1\cdot u},\cdots,\mathrm{e}^{d_m\cdot u}$ 是 $\mathcal{A}$ 线性无关的.

反过来, 假设定理 8.5 成立. 假设 $u_1,\cdots,u_n$ 是互不相同的代数数, 假设它们生成的 $\mathbb{Q}$ 向量空间的维数是 $r\leqslant n$, 有一组基是 $v_1,\cdots,v_r$, 那么存在 r 行 n 列有理数矩阵 A, 使得

$$u=(v_1,\cdots,v_r)A,$$

对于任意正整数 m, 有

$$u=\left(\frac{v_1}{m},\cdots,\frac{v_r}{m}\right)(mA),$$

因此我们可以假设 A 是整数矩阵. 由于 $u_1,\cdots,u_n$ 互不相同, 因此 A 的 n 列 $A_1,\cdots,A_n$ 也互不相同, 如果

$$\mathrm{e}^{u_1},\cdots,\mathrm{e}^{u_n}$$

是 $\mathcal{A}$ 线性相关, 那么对任意正整数 k

$$\mathrm{e}^{v(A_i+k\mathbb{I})}=\mathrm{e}^{u_i}\mathrm{e}^{kv_1+\cdots+kv_r},\quad i=1,\cdots,n$$

也 $\mathcal{A}$ 线性相关, 这里 $\mathbb{I}=[1,1,\cdots,1]^\mathrm{T}$. 此时, 可假设 $A_i+k\mathbb{I},i=1,\cdots,n$ 都是正整数的列向量, 因此

$$\mathrm{e}^{v(A_i+k\mathbb{I})},\quad i=1,\cdots,n$$

是关于 $\mathrm{e}^{v_1},\cdots,\mathrm{e}^{v_r}$ 不同指数序列对应的单项式. 它们 $\mathcal{A}$ 线性相关与定理 8.5 的结论 $\mathrm{e}^{v_1},\cdots,\mathrm{e}^{v_r}$ 在 $\mathcal{A}$ 上代数无关矛盾.　　□

由于两个定理是等价的, 我们考虑证明定理 8.6. 证明对不同的代数数 $u_1,\cdots,u_n$, 不存在 $\mathcal{A}$ 线性组合

$$v_1\mathrm{e}^{u_1}+\cdots+v_n\mathrm{e}^{u_n}=0,$$

其中 $v_1,\cdots,v_n$ 都不为零. 这样的线性组合, 我们称之为**相关和**.

证明分为两个部分, 第一部分进行约化.

引理 8.7 (约化引理)   如果存在相关和

$$v_1 \mathrm{e}^{u_1} + \cdots + v_n \mathrm{e}^{u_n} = 0,$$

那么存在 $\mathbb{Q}$ 上的有限伽罗瓦扩张 K, 两两不同的 $w_1, \cdots, w_m \in K$, 以及非零整数 $\mu_0, \cdots, \mu_m$, 使得

$$\mu_0 + \mu_1 T_1 + \cdots + \mu_m T_m = 0,$$

其中

$$T_i = \sum_{\sigma \in G} \mathrm{e}^{\sigma(w_i)}, \quad i = 1, \cdots, m,$$

这里 $G = \mathrm{Aut}_{\mathbb{Q}} K$ 是相应的伽罗瓦群.

第二部分是下面这个分析学的引理, 利用这个引理可以证明引理 8.7 中的相关和不可能存在.

引理 8.8   假设 $z_1, \cdots, z_r$ 为非零代数数, l 是正整数. 则对充分大的素数 p, 存在整数 $N \notin p\mathbb{Z}$ 和整系数多项式 $F(x)$ 使得

$$|N\mathrm{e}^{z_i} - F(lz_i)| < \frac{1}{p}$$

对所有 $i = 1, \cdots, r$ 成立, 且 $F(x)$ 的所有系数都被 p 整除.

我们先看看怎样利用引理 8.7 和引理 8.8 来证明定理 8.6.

定理 8.6 的证明   假设存在引理 8.7 中的相关和

$$X := \mu_0 + \mu_1 T_1 + \cdots + \mu_m T_m = 0,$$

其中

$$T_i = \sum_{\sigma \in G} \mathrm{e}^{\sigma(w_i)}.$$

令 l 是正整数使得

$$l\sigma(w_i) = \sigma(lw_i) \in K$$

都是代数整数. 由引理 8.8, 对充分大的素数 p, 存在正整数 $N \notin p\mathbb{Z}$ 以及整系数多项式 $F(x)$ 使得

$$|N\mathrm{e}^{\sigma(w_i)} - F(l\sigma(w_i))| < \frac{1}{p}$$

对所有 $i = 1, \cdots, m, \sigma \in G$ 成立, 且 $F(x)$ 的系数都被 p 整除. 记

$$Y = \mu_0 N + \sum_{i=1}^{m} \mu_i \left(\sum_{\sigma \in G} F(\sigma(lw_i)) \right).$$

令 $M := \max\{|\mu_1|, \cdots, |\mu_m|\}$. 这样一来

$$|Y| = |NX - Y|$$
$$\leqslant \sum_{i=1}^{m} \left| \mu_i N T_i - \mu_i \sum_{\sigma \in G} F(\sigma(l w_i)) \right|$$
$$\leqslant \sum_{i=1}^{m} \sum_{\sigma \in G} |\mu_i| \cdot |N \mathrm{e}^{\sigma(w_i)} - F(\sigma(l w_i))|$$
$$< \frac{mM|G|}{p},$$

由于 m, M, G 都不依赖于 p, 因此当 p 充分大时

$$|Y| < 1.$$

另一方面对所有 $i = 1, \cdots, m$,

$$\sum_{\sigma \in G} \frac{F(\sigma(l w_i))}{p}$$

都是代数整数 ($F(x)$ 的系数都被 p 整除, 上式为一些代数整数 $l\sigma(w_i)$ 的整系数多项式形式, 代数整数在加法和乘法下封闭, 因此依然是代数整数), 且在伽罗瓦群 G 中元素作用下不变, 因此是有理数中的代数整数, 只能是整数. 也就是说 Y 中除第一项外, 后面的项都是被 p 整除的整数. 但 $p \nmid N$, 由于 p 充分大, 因此可假设 $p \nmid \mu_0 N$, 所以 $p \nmid Y$, 从而当 p 充分大时 $|Y| \geqslant 1$, 矛盾. □

剩下的任务就是证明引理 8.7 和引理 8.8. 我们先来考虑引理 8.7. 这需要一个很有趣的环. 假设 $K \subseteq \mathbb{C}$ 是子域, 考虑只在有限个元素处取值非零的映射 $f : K \longrightarrow K$, 即只有有限多个 $a \in K$ 使得 $f(a) \neq 0$. 所有这样的映射构成的集合记为 $\mathcal{R}_K$.

在 $\mathcal{R}_K$ 上可以定义加法

$$(f + g)(a) := f(a) + g(a), \quad \forall a \in K,$$

也可以定义乘法

$$(f * g)(a) = \sum_{u+v=a} f(u)g(v).$$

由于 f 和 g 都只在有限个地方取值非零, 因此上面是有限和. 很容易验证 $\mathcal{R}_K$ 关于上面的加法和乘法构成交换环, 其乘法单位元是 $\mathbb{I} : K \longrightarrow K$, 在 0 处取值为 1, 其他地方取值为 0. 实际上它还是一个整环.

引理 8.9　$\mathcal{R}_K$ 是整环.

证明　首先在 $\mathbb{C}$ 上定义字典序 $a + bi > c + di$, 如果 $a > c$ 或 $a = c, b > d$. 容易验证这是 $\mathbb{C}$ 上的全序, 且满足: 如果 $z_1 \geqslant z_2, z_3 \geqslant z_4$, 则 $z_1 + z_3 \geqslant z_2 + z_4$.

假设 $f, g \in \mathcal{R}_K$ 非零, 由于它们分别只在有限个元素处取值非零, 分别取其中最大的元素 z_1 和 z_2, 根据 $\mathcal{R}_K$ 中乘法的定义 $(f * g)(a) = \sum_{u+v=a} f(u)g(v)$. 这个求和中, 只有 $f(u)$ 和 $g(v)$ 都非零的项能幸存. 当 $a = z_1 + z_2$ 时, 所有满足 $f(u) \neq 0, g(v) \neq 0$ 的 u, v 都满足 $u \leqslant z_1, v \leqslant z_2$. 因此如要满足 $u + v = z_1 + z_2$, 只能是 $u = z_1, v = z_2$. 因此

$$(f * g)(z_2 + z_2) = f(z_1)g(z_2) \neq 0.$$

所以 $f * g \neq 0$. ▢

大家可能会很好奇, 这个环跟咱们要考虑的线性组合

$$v_1 \mathrm{e}^{u_1} + \cdots + v_n \mathrm{e}^{u_n}$$

有什么关系呢? 有趣的是, 假设 K 是包含这些 v_i, u_i 的 $\mathbb{C}$ 的子域, 并定义

$$\begin{aligned} \Theta : \mathcal{R}_K &\longrightarrow \mathbb{C}, \\ f &\mapsto \sum_{a \in K} f(a) \mathrm{e}^a, \end{aligned}$$

就会发现, 当把 f 定义为在 u_i 处取值 v_i, $i = 1, \cdots, n$, 在其他地方取值为零的映射时, 则有

$$\Theta(f) = v_1 \mathrm{e}^{u_1} + \cdots + v_n \mathrm{e}^{u_n}.$$

而上面那个线性组合等于零就等价于 $\Theta(f) = 0$. 更有意思的是, Θ 实际上是一个环同态, $\Theta(f) = 0$ 就是说 $f \in \mathrm{Ker}\,\Theta$.

引理 8.10　对于 $\mathbb{C}$ 的子域 K,

$$\begin{aligned} \Theta : \mathcal{R}_K &\longrightarrow \mathbb{C}, \\ f &\mapsto \sum_{a \in K} f(a) \mathrm{e}^a \end{aligned}$$

是环同态.

证明　Θ 保持加法:

$$\begin{aligned} \Theta(f + g) &= \sum_{a \in K} (f + g)(a) \mathrm{e}^a \\ &= \sum_{a \in K} f(a) \mathrm{e}^a + \sum_{a \in K} g(a) \mathrm{e}^a \\ &= \Theta(f) + \Theta(g). \end{aligned}$$

Θ 保持乘法:

$$\Theta(f * g) = \sum_{a \in K} (f * g)(a) \mathrm{e}^a$$

$$= \sum_{a \in K} \sum_{u+v=a} f(u)g(v)\mathrm{e}^{u+v}$$

$$= \left(\sum_{u \in K} f(u)\mathrm{e}^u \right) \left(\sum_{v \in K} g(v)e^v \right)$$

$$= \Theta(f)\Theta(g).$$

所以 Θ 为环同态.　　□

另外, 对任意 $\sigma \in \mathrm{Aut}_{\mathbb{Q}} K$ 和 $f \in \mathcal{R}_K$, 我们可以考虑映射的复合 σf 和 $f\sigma$.

引理 8.11　　对于任意 $f \in \mathcal{R}_K$ 和 $\sigma \in \mathrm{Aut}_{\mathbb{Q}} K$, 有

$$\sigma f, f\sigma \in \mathcal{R}_K.$$

对任意 $f, g \in \mathcal{R}_K, \sigma \in \mathrm{Aut}_{\mathbb{Q}} K$ 有

$$\sigma(f * g) = (\sigma f) * (\sigma g), \quad (f * g)\sigma = (f\sigma) * (g\sigma).$$

证明　　容易验证 σf 和 $f\sigma$ 都只在有限个地方取值非零, 因此它们都属于 $\mathcal{R}_K$. 对任意 $a \in K$,

$$\sigma(f * g)(a) = \sum_{u+v=a} \sigma(f(u)g(v))$$

$$= \sum_{u+v=a} (\sigma f(u))(\sigma g(v))$$

$$= ((\sigma f) * (\sigma g))(a),$$

$$(f * g)\sigma(a) = \sum_{u+v=\sigma(a)} f(u)g(v)$$

$$= \sum_{u'+v'=a} f(\sigma(u'))g(\sigma(v'))$$

$$= ((f\sigma) * (g\sigma))(a),$$

所以 $\sigma(f * g) = (\sigma f) * (\sigma g), (f * g)\sigma = (f\sigma) * (g\sigma)$,　　□

我们的主要工具是引理 8.10 中的环同态, 因为它的 $\operatorname{Ker}\Theta$ 中的元素对应到我们的相关和. 引理 8.7 实际就是在寻找特殊的相关和, 而这个问题可以转化为寻找 $\operatorname{Ker}\Theta$ 中的特殊元素.

引理 8.12　设 $K/\mathbb{Q}$ 为有限伽罗瓦扩张, G 为相应的伽罗瓦群. 如果环同态

$$\Theta : \mathcal{R}_K \longrightarrow \mathbb{C}$$

满足 $\operatorname{Ker}\Theta \neq \{0\}$, 那么存在 $g \in \operatorname{Ker}\Theta$ 满足: $g(0) \neq 0$ 且 $g(a) = g(\sigma(a))$ 为整数对所有 $a \in K, \sigma \in G$ 成立.

证明　令 $0 \neq h \in \operatorname{Ker}\Theta$, 并记

$$f := \prod_{\sigma \in G} \sigma h$$

为这些 σh 在 $\mathcal{R}_K$ 中的乘积. 由于 $\mathcal{R}_K$ 是整环, 而每个 $\sigma h \neq 0$, 所以 $f \neq 0$. 由于 Θ 是环同态, 所以 $\operatorname{Ker}\Theta$ 是 $\mathcal{R}_K$ 的理想, 而 f 是 $\operatorname{Ker}\Theta$ 中的 h 和其他 $\mathcal{R}_K$ 中元素的乘积, 因此 $f \in \operatorname{Ker}\Theta$. 由引理 8.11, 我们有

$$\tau f = \prod_{\sigma \in G} \tau \sigma h = f, \quad \forall \tau \in G,$$

这造成 $\tau f(a) = f(a), \forall a \in K, \tau \in G$. 由于 $K/\mathbb{Q}$ 是伽罗瓦扩张, 因此 $f(a) \in \mathbb{Q}, \forall a \in K$. 因为 f 在有限个地方取值非零, 因此存在正整数 l 使得 $lf(a) \in \mathbb{Z}, \forall a \in K$. 记 $f_1 := lf$. 考虑

$$g_1 = \prod_{\sigma \in G} f_1 \sigma,$$

由同样的道理 $g_1 \neq 0$ 且属于 $\operatorname{Ker}\Theta$. 另外由于 f_1 的值域包含于 $\mathbb{Z}$, 而 $f_1 \sigma$ 的值域包含于 f_1 的值域, 因此也包含于 $\mathbb{Z}$. 由 $\mathcal{R}_K$ 中乘法的定义 $g_1(a) \in \mathbb{Z}, \forall a \in K$. 由 g_1 的构造和引理 8.11, 它满足 $g_1 \sigma = g_1, \forall \sigma \in G$. 最后, 令 $b \in K$ 使得 $g_1(b) \neq 0$, 定义 $g_2 : K \longrightarrow K$, 在每个 $-\sigma(b), \sigma \in G$ 处取值为 $g_1(b)$, 其他地方取值为零.

由于 g_2 取值非零的地方恰好是 G 作用在 $-b$ 上形成的轨道, 且取值都为 $g_1(b)$, 因此 $g_2 \sigma = g_2$ 对所有 $\sigma \in G$ 成立. 这样, $g = g_2 * g_1$ 满足

- $g \in \operatorname{Ker}\Theta$ (因为 $g_1 \in \operatorname{Ker}\Theta$);
- $g\sigma = g$ 对所有 $\sigma \in G$ 成立;
- $g(a) \in \mathbb{Z}$ 对所有 $a \in K$ 成立.

后两条合并得 $g(a) = g(\sigma(a)) \in \mathbb{Z}$ 对所有 $a \in K, \sigma \in G$ 成立. 最后

$$
\begin{aligned}
g(0) &= \sum_{u \in K} g_2(-u) g_1(u) \\
&= \sum_{u \in Gb} g_2(-u) g_1(u) \\
&= |Gb| g_1(b)^2 \neq 0.
\end{aligned}
$$
□

现在我们可以给出引理 8.7 的证明了.

引理 8.7的证明 由假设, 存在相关和

$$v_1\mathrm{e}^{u_1} + \cdots + v_n\mathrm{e}^{u_n} = 0.$$

令 K 为含 $v_i, u_i, i = 1, \cdots, n$ 的 $\mathbb{Q}$ 的有限伽罗瓦扩张 (比如, 这些 u_i, v_i 在 $\mathbb{Q}$ 上的极小多项式乘积的分裂域), 并定义 $f : K \longrightarrow K$, 在 u_i 处取值为 $v_i, i = 1, \cdots, n$, 而在其他地方取值为零, 则 $0 \neq f \in \mathrm{Ker}\,\Theta$. 由引理 8.12, 存在 $0 \neq g \in \mathrm{Ker}\,\Theta$ 满足: $g(0) \neq 0$ 且对任意 $a \in K, \sigma \in G, g(\sigma(a)) = g(a) \in \mathbb{Z}$. 由于 g 只在有限多个地方取值非零, 所以

$$\{a \in K \mid a \neq 0, g(a) \neq 0\}$$

是有限集, 由 g 的性质, G 可以作用在这个集合上. 假设这个群作用的所有不同轨道为 $Gw_1, \cdots, Gw_m$. 则 g 在同一轨道中的元素上取值相同, 即

$$g(u) = g(w_i), \quad \forall u \in Gw_i.$$

令

$$T_i = \sum_{\sigma \in G} \mathrm{e}^{\sigma(w_i)}, \quad i = 1, \cdots, m,$$

则

$$T_i = \frac{|G|}{|Gw_i|} \sum_{u \in Gw_i} \mathrm{e}^u.$$

最后,

$$
\begin{aligned}
0 &= |G|\Theta(g) \\
&= |G| \sum_{a \in K} g(a)\mathrm{e}^a \\
&= g(0)|G| + |G| \sum_{a \neq 0} g(a)\mathrm{e}^a \\
&= g(0)|G| + \sum_{i=1}^{m} \left(|G| \sum_{u \in Gw_i} g(u)\mathrm{e}^u \right) \\
&= g(0)|G| + \sum_{i=1}^{m} \left(|G| \sum_{u \in Gw_i} g(w_i)\mathrm{e}^u \right) \\
&= g(0)|G| + \sum_{i=1}^{m} \left(g(w_i)|G| \sum_{u \in Gw_i} \mathrm{e}^u \right) \\
&= g(0)|G| + \sum_{i=1}^{m} g(w_i)|Gw_i|T_i,
\end{aligned}
$$

现在令 $\mu_0 = g(0)|G|$, $\mu_i = g(w_i)|Gw_i|, i = 1, \cdots, m$, 那么它们是非零整数, 满足

$$\mu_0 + \mu_1 T_1 + \cdots + \mu_m T_m = 0. \qquad \square$$

现在完成了代数部分约化引理的证明. 这个过程中, 我们看到, 引入环 $\mathcal{R}_K$ 是非常有帮助的. 最后我们还需要给出引理 8.8 的证明.

引理 8.8 的证明　由于 $z_1, \cdots, z_r$ 都是非零代数数, 因此 $lz_1, \cdots, lz_r$ 也都是非零代数数, 取它们在 $\mathbb{Q}$ 上的极小多项式 (都不被 x 整除) 的乘积, 并乘以适当的正整数就得到 $h(x) \in \mathbb{Z}[x]$ 满足: $h(0) \neq 0, h(lz_i) = 0, i = 1, \cdots, r$. 对充分大的素数 p, 考虑多项式

$$f(x) = \frac{1}{(p-1)!} x^{p-1} h(x)^p,$$

则 $f(x) = b_{p-1} x^{p-1} + b_p x^p + \cdots$ 的系数形如

$$b_i = \frac{c_i}{(p-1)!},$$

其中 c_i 是整数, 特别地, $c_{p-1} = h(0)^p$. 由 $f(x)$ 的形式可得

- $f^{(k)}(0) = 0, \quad 0 \leqslant k < p - 1.$
- $f^{(p-1)}(0) = h(0)^p.$
- $f^{(m)}(0), \quad m \geqslant p$ 是整数且被 p 整除.

最后一条稍微解释下, 实际上对 $m \geqslant p$,

$$f^{(m)}(0) = \frac{m!}{(p-1)!} c_m$$

的确为被 p 整除的整数.

由于 $h(x)$ 是 $f(x)$ 的 p 重因式, 因此, 对于 $k < p$, $h(x)$ 是 $f^{(k)}(x)$ 的至少 $p - k$ 重因式, 而 lz_i 是 $h(x)$ 的根, 所以

$$f^{(k)}(lz_i) = 0, \quad \forall 0 \leqslant k < p, \ i = 1, \cdots, r. \quad (*)$$

当 $k \geqslant p$ 时, $f^{(k)}(x)$ 的 $m - k$ 次项系数为

$$\frac{m!}{(m-k)!(p-1)!} c_m = \frac{m!}{(m-k)!k!} \cdot p(p+1) \cdots k \cdot c_m$$

全都是被 p 整除的整数 (分式部分是组合数, 为整数). 现在令

$$N = l^{p-1} f^{(p-1)}(0) + l^p f^{(p)}(0) + \cdots,$$

$$F(x) = l^p f^{(p)}(x) + l^{p+1} f^{(p+1)}(x) + \cdots,$$

N 除第一项 $l^{p-1} f^{(p-1)}(0) = l^{p-1} h(0)^p$ 外, 后面的项都被 p 整除. 由于 $l, h(0)$ 非零且与 p 无关, 当 p 充分大时, 可得 $p \nmid h(0), p \nmid l$, 从而 $p \nmid N$. 由于在 $k \geqslant p$ 时 $f^{(k)}(x)$ 的系数都是被 p 整除的整数, 因此 $F(x)$ 的系数都是被 p 整除的整数. 现在我们的目标是: 当 p 充分大时

$$|N\mathrm{e}^{z_i} - F(l z_i)| < \frac{1}{p}.$$

根据 N 和 $F(x)$ 的形式, 定义

$$G(x) = \sum_{k \geqslant 0} l^k f^{(k)}(x).$$

由于在 $k < p - 1$ 时有 $f^{(k)}(0) = 0$, 因此

$$G(0) = \sum_{k \geqslant 0} l^k f^{(k)}(0) = \sum_{k \geqslant p-1} l^k f^{(k)}(0) = N,$$

当 $k < p$ 时, 由于 $l z_i$ 都是 $f^{(k)}(x)$ 的根, 所以

$$G(l z_i) = \sum_{k \geqslant 0} l^k f^{(k)}(l z_i) = \sum_{k \geqslant p} l^k f^{(k)}(l z_i) = F(l z_i).$$

目标现在变为: 当 p 充分大时,

$$|G(0)\mathrm{e}^t - G(lt)| < \frac{1}{p}$$

对所有 $t \in \{z_1, \cdots, z_r\}$ 成立. 构造函数 $\phi(x) = \mathrm{e}^{-x} G(lx)$, 则有

$$\begin{aligned}
\phi'(x) &= -\mathrm{e}^{-x} G(lx) + \mathrm{e}^{-x} G'(lx) \cdot l \\
&= \mathrm{e}^{-x}(lG'(lx) - G(lx)) \\
&= -\mathrm{e}^{-x} f(lx).
\end{aligned}$$

令 $M := \max\{|z_1|, \cdots, |z_r|\}$, $B := \{z \in \mathbb{C} \mid |z| \leqslant M\}$. 由于 $h(lx)$ 在有界闭区域 B 上连续, 取

$$L = \max\{|h(lx)| \mid x \in B\}.$$

这里需要插播一小段复变函数的不等式, 我们知道复变函数上微分中值定理一般不正确, 但依然可以: 对任意 $z \in B$,

$$|\phi(z) - \phi(0)| = \left| \int_\gamma \phi'(\xi) \mathrm{d}\xi \right| \leqslant |z| \cdot \max\{|\phi'(\xi)|, \xi \in \gamma\},$$

这里 γ 是从 0 到 z 的线段. 最后, 当 $t \in \{z_1, \cdots, z_r\}$ 时,

$$
\begin{aligned}
|G(0)\mathrm{e}^t - G(lt)| &= |\mathrm{e}^t||\mathrm{e}^{-t}G(lt) - \mathrm{e}^{-0}G(0)| \\
&= |\mathrm{e}^t||\phi(t) - \phi(0)| \\
&\leqslant \mathrm{e}^M \cdot |t| \cdot \max\{|\phi'(\xi)|, \xi \in B\} \\
&\leqslant M\mathrm{e}^M \cdot \max\{|\mathrm{e}^{-\xi}f(l\xi)|, \xi \in B\} \\
&\leqslant M\mathrm{e}^{2M} \cdot \max\left\{ \left| \frac{1}{(p-1)!}(l\xi)^{p-1}h(l\xi)^p \right|, \xi \in B \right\} \\
&\leqslant M\mathrm{e}^{2M} \cdot \frac{1}{(p-1)!}(lM)^{p-1}L^p \\
&= \frac{1}{l}\mathrm{e}^{2M}\frac{(lML)^p}{(p-1)!},
\end{aligned}
$$

由于 l, M, L 都不依赖于 p, 所以

$$\lim_{p \to \infty} \frac{1}{l}\mathrm{e}^{2M}\frac{p(lML)^p}{(p-1)!} = 0.$$

因此当 p 充分大时,

$$\frac{1}{l}\mathrm{e}^{2M}\frac{p(lML)^p}{(p-1)!} < 1,$$

即

$$|G(0)\mathrm{e}^t - G(lt)| \leqslant \frac{1}{l}\mathrm{e}^{2M}\frac{(lML)^p}{(p-1)!} < \frac{1}{p}$$

对所有 $t \in \{z_1, \cdots, z_r\}$ 成立. □

注记　虽然我们证明了 e, π 都是超越数, 但仍然有很多数并不能确定其是否为超越数, 例如, e $+$ π, eπ, ln π, π^{e} 等. 在 1900 年希尔伯特第七问题中建议尝试证明代数数 (非 0, 1) 的无理代数数次幂的超越性, 即形如 α^β 的数, 其中 α 是不等于 0, 1 的代数数, 而 β 是无理代数数. 这个问题在 1934 年被格尔丰德 (Alexander Osipovich Gelfond, 1906—1968) 和施奈德 (Theodor Schneider, 1911—1988) 独

立证明, 称为格尔丰德–施奈德定理, 具体证明可参见文献 [2] 第 5 章. 由此可以得到 $2^{\sqrt{2}}$ 和 $\mathrm{e}^{\pi} = (-1)^{-\mathrm{i}}$ 是超越数. 关于超越数还有个没有解决的 Schanuel 猜想: 假设 $z_1, \cdots, z_n \in \mathbb{C}$ 是 $\mathbb{Q}$ 线性无关的 n 个复数, 那么 $z_1, \cdots, z_n, \mathrm{e}^{z_1}, \cdots, \mathrm{e}^{z_n}$ 中至少有 n 个数在 $\mathbb{Q}$ 上代数无关. 值得注意的是, Schanuel 猜想成立可以同时推出林德曼–魏尔斯特拉斯定理和格尔丰德–施奈德定理.

习　题

　　1. 假设 F/K 为域扩张, $\alpha_1, \cdots, \alpha_n \in F$. 证明: $\alpha_1, \cdots, \alpha_n$ 在 K 上代数无关当且仅当 $\alpha_1, \cdots, \alpha_{n-1}$ 在 K 上代数无关且 α_n 是 $K(\alpha_1, \cdots, \alpha_{n-1})$ 上的超越元.

　　2. 假设 F/K 为域扩张, $S \subseteq F, v \in S, u \in F$. 证明: 如果 u 是 $K(S)$ 上的代数元, 但不是 $K(S \backslash \{v\})$ 上的代数元, 则 v 是 $K((S \backslash \{v\}) \cup \{u\})$ 上的代数元.

　　3. 假设 α 为非零代数数, 证明: $\sin \alpha, \cos \alpha, \tan \alpha, \cot \alpha$ 都是超越数.

　　4. 证明: 如果 Schanuel 猜想成立, 则 e, π 在 $\mathbb{Q}$ 上代数无关, $\mathrm{e} + \pi, \mathrm{e}\pi$ 为超越数.

第 9 章 模 p 法求伽罗瓦群 *

在这一章我们介绍戴德金 (Dedekind, 1831—1916) 证明的一个非常有用的定理, 这个定理将多项式在 $\mathbb{Q}$ 上的伽罗瓦群与模 p 所得多项式在有限域上的伽罗瓦群联系起来, 可用于计算某些有理数系数多项式的伽罗瓦群.

9.1 有限域的扩张与伽罗瓦群

任意有限域 F 中最小的子域必然同构于某个 $\mathbb{Z}_p$, 其中 p 为素数, 从而 F 是 $\mathbb{Z}_p$ 上的有限维向量空间. 假设 $[F : \mathbb{Z}_p] = n$, 那么作为向量空间 $F \cong \mathbb{Z}_p \times \cdots \times \mathbb{Z}_p$, 共有 p^n 个元素.

q 元域的存在性 假设 p 为素数, 对任意 $n > 0$, 记 $q = p^n$. 考虑 $f(x) = x^q - x$ 在 $\mathbb{Z}_p$ 上的分裂域 E. 由于 $f(x)$ 可分, 因此 $f(x)$ 在 E 中有 q 个互不相同的根, 记这 q 个根组成的集合为 S, 容易验证 S 在加法下封闭, $S \backslash \{0\}$ 对乘法和取逆封闭, 同时 $\mathbb{Z}_p \subseteq S$. 因此 S 为 E 中含 $\mathbb{Z}_p$ 和 $f(x)$ 在 E 中所有根的子域, 根据分裂域的定义, E 是满足这种条件最小的子域, 因此 $E = S$, 共有 q 个元素.

q 元域的唯一性 现在假设 F 是一个 $q = p^n$ 个元素的域, 其特征必然为 p, 因此不妨设 $\mathbb{Z}_p$ 是 F 子域. 此时多项式 $f(x) = x^q - x \in \mathbb{Z}_p[x]$ 且 F 中所有元素都是 $f(x)$ 在 F 中的根. 首先 $f(0) = 0$, 其次, 对 F 中任意非零元 a, 由于 F^* 是 $q - 1$ 个元素的乘法群, 因此 $a^{q-1} = 1$, 从而 $a^q = a$, 所以 $f(a) = 0$. 所以

$$\prod_{a \in F}(x - a) \mid f(x).$$

由于 $\deg f(x) = q$, 因此

$$f(x) = \prod_{a \in F}(x - a).$$

因此 F 为 $f(x)$ 在 $\mathbb{Z}_p$ 上的分裂域. 由分裂域的唯一性可知, 任意两个 q 元域总是同构的, 即 q 元域在同构意义下唯一.

从上面的讨论还可以得到如下结论.

命题 9.1 有限域上的有限扩张都是伽罗瓦扩张.

证明 假设 E/L 是域扩张, E 为 q 元域, 由上面的讨论 E 为 $x^q - x$ 在 L 上的分裂域. 由于 $x^q - x$ 可分, 因此 E/L 是伽罗瓦扩张. □

我们用 $\mathbb{F}_q$ 表示一个 q 元域. 下面的定理总结了有限域的主要性质.

定理 9.2 假设 p 为素数, $n > 0$, $q = p^n$. 则下列结论成立:

(1) $\mathbb{F}_q$ 包含一个 p^m 元域当且仅当 $m \mid n$, 并且此时 $\mathbb{F}_q$ 只含一个 p^m 元域;

(2) $\mathbb{F}_q^*$ 是循环群;

(3) $\sigma : \mathbb{F}_q \longrightarrow \mathbb{F}_q$, $a \mapsto a^p$ 是 $\mathbb{F}_p$ 自同构, 称为 $\mathbb{F}_q$ 的 Frobenius 自同构;

(4) $\mathrm{Aut}_{\mathbb{F}_p} \mathbb{F}_q$ 是由 $\mathbb{F}_q$ 的 Frobenius 自同构生成的 n 阶循环群.

证明 (1) 必然性 如果 $\mathbb{F}_{p^m}$ 是 $\mathbb{F}_q$ 的一个子域, 由

$$[\mathbb{F}_q : \mathbb{F}_{p^m}][\mathbb{F}_{p^m} : \mathbb{F}_p] = [\mathbb{F}_q : \mathbb{F}_p] = n$$

可得 $m = [\mathbb{F}_{p^m} : \mathbb{F}_p]$ 整除 n.

充分性 假设 $m \mid n$, 即 $n = mr$. 则 $(p^m - 1) \mid (p^n - 1)$, 从而 $(x^{p^m - 1} - 1) \mid (x^{p^n - 1} - 1)$. 由于 $\mathbb{F}_{p^n}$ 是 $x^{p^n - 1} - 1$ 在 $\mathbb{F}_p$ 上的分裂域, 从而包含唯一一个 $x^{p^m - 1} - 1$ 的因式 $x^{p^m - 1} - 1$ 在 $\mathbb{F}_p$ 上的分裂域 L. 而这个分裂域 L 是 p^m 元域. 由于 $\mathbb{F}_q$ 中任何一个 p^m 元域都是 $x^{p^m - 1} - 1$ 在 $\mathbb{Z}_p$ 上的分裂域, 因此 $\mathbb{F}_q$ 中含唯一的 p^m 元域.

(2) 由引理 5.10 可得.

(3) 由于 $(a + b)^p = a^p + b^p$, $(ab)^p = a^p b^p$ 对任意 $a, b \in \mathbb{F}_q$ 成立, 即 σ 保持加法和乘法. 由于 $\mathbb{F}_p$ 中元素都满足方程 $x^p - x$, 因此 $\sigma(a) = a$ 对所有 $a \in \mathbb{F}_p$ 成立. 最后我们证明 σ 为双射. 这里只需要证明 σ 是单射. 如果 $\sigma(a) = \sigma(b)$, 即 $a^p = b^p$, 从而 $a^{p^n} = b^{p^n}$, 即 $a^q = b^q$. 由于 $\mathbb{F}_q$ 中元素都满足 $x^q - x = 0$, 因此 $a = a^q = b^q = b$. 所以 σ 为单射, 由于 $\mathbb{F}_q$ 是有限集, 因此 σ 为满射. 所以 $\sigma \in \mathrm{Aut}_{\mathbb{F}_p} \mathbb{F}_q$.

(4) 由于有限域是完全域, $\mathbb{F}_q$ 是 $\mathbb{F}_p$ 上的伽罗瓦扩张, 由伽罗瓦基本定理

$$n = [\mathbb{F}_q : \mathbb{F}_p] = |\mathrm{Aut}_{\mathbb{F}_p} \mathbb{F}_q|.$$

要证明 $\mathrm{Aut}_{\mathbb{F}_p} \mathbb{F}_q = \langle \sigma \rangle$, 只需要证明 $o(\sigma) \geqslant n$ 即可. 令 $a \in \mathbb{F}_q$ 为循环群 $\mathbb{F}_q^*$ 的生成元, 则 $o(a) = q - 1$. 因此对任意 $0 < m < n$, $\sigma^m(a)/a = a^{p^m - 1} \neq 1$, 所以 $\sigma^m(a) \neq a$, $\sigma^m \neq \mathrm{id}$, 即 $o(\sigma) \geqslant n$. □

推论 9.3   假设 $f(x)$ 是有限域 F 上的 n 次不可约多项式, 那么 $\mathrm{Gal}(f)$ 可看成 S_n 的子群由一个 n 循环生成.

证明   假设 $E = F(\alpha)$ 为单扩张, 其中 α 为 $f(x)$ 的根. 由于 E/F 为伽罗瓦扩张, 这导致 $f(x)$ 在 $E[x]$ 中可分解为一次因式的乘积, 从而 E 为 $f(x)$ 在 F 上的分裂域. 所以 $|\mathrm{Gal}(f)| = [E : F] = \deg f(x) = n$. 假设 $f(x)$ 在 E 中的根为 $\alpha_1 = \alpha, \alpha_2, \cdots, \alpha_n$. 通过 $\mathrm{Gal}(f)$ 在 $\{\alpha_1, \alpha_2, \cdots, \alpha_n\}$ 上的作用将 $\mathrm{Gal}(f)$ 看成 S_n 的子群, 由定理 9.2(4), $\mathrm{Aut}_{\mathbb{F}_p} E$ 是循环群, 因此其子群 $\mathrm{Gal}(f) = \mathrm{Aut}_F E$ 也是循环群, 阶数为 $[E : F] = n$. 而 S_n 中的 n 阶元都是 n 循环, 因此 $\mathrm{Gal}(f)$ 的生成元可看成 S_n 中的元素为一个 n 循环. $\qquad\square$

9.2   模 p 法

对于 $\mathbb{Q}[x]$ 中给定的多项式, 要计算其伽罗瓦群往往是个非常困难的任务. 对于 $\mathbb{Q}[x]$ 中 n 次多项式 $f(x)$, 我们可以假设 $f(x)$ 的系数都是整数. 如果 $f(x)$ 的首项系数 $a \neq 1$, 可以考虑 $a^n f(x/a)$, 它是首一整系数多项式且与 $f(x)$ 有相同的分裂域, 从而与 $f(x)$ 有相同的伽罗瓦群. 这样我们就将有理系数多项式的伽罗瓦群的问题转化为首一整系数多项式的伽罗瓦群的问题. 在这方面, 下面这个漂亮的定理是非常有帮助的.

定理 9.4 (戴德金)   假设 $f(x)$ 为首一整系数多项式, p 为素数, 假设 $\bar{f}(x) \in \mathbb{Z}_p[x]$ 为将 $f(x)$ 系数模 p 所得多项式. 如果 $\bar{f}(x)$ 在 $\mathbb{Z}_p$ 上的分裂域中无重根 (即判别式不为零). 那么下面两条成立:

(1) $\mathrm{Gal}(\bar{f})$ 同构于 $\mathrm{Gal}(f)$ 的一个子群;

(2) 假设 $\bar{f}(x)$ 在 $\mathbb{Z}_p[x]$ 中分解为不可约因式的乘积

$$\bar{f}(x) = \bar{f}_1(x) \bar{f}_2(x) \cdots \bar{f}_r(x),$$

其中 $\deg f_i(x) = n_i$, $i = 1, 2, \cdots, r$. 则 $\mathrm{Gal}(f)$ 中存在一个元素 σ, 可看成其 n 个根的置换, 可以写成互不相交循环的乘积 $\sigma_1 \sigma_2 \cdots \sigma_r$, 其中 σ_i 为 n_i 循环, $i = 1, 2, \cdots, r$.

证明   假设 E 为 $f(x)$ 在 $\mathbb{Q}$ 上的分裂域, 显然 $f(x)$ 在 E 中也无重根 (判别式不为零), 假设 $\deg f(x) = n$, 而 $f(x)$ 在 E 中的 n 个根为 $u_1, \cdots, u_n$, 它们都是首一整系数多项式的根, 为代数整数. 考虑代数整数环的子环

$$R := \mathbb{Z}[u_1, \cdots, u_n].$$

由于 $1/p$ 不是代数整数, 因此 p 在 R 中不可逆, 从而存在 R 的含 p 的极大理想 P. 则有 $p\mathbb{Z} \subseteq P \cap \mathbb{Z}$. 另一方面, 如果整数 $m \notin p\mathbb{Z}$ 但 $m \in P$, 由于 m 与 p 互素,

从而存在 $a, b \in \mathbb{Z}$ 使得 $1 = am + bp$. 但 $m, p \in P$, 从而 $1 \in P$. 这导致 $P = R$, 与 P 为极大理想矛盾. 因此 $P \cap \mathbb{Z} = p\mathbb{Z}$.

考虑域 $\bar{E} := R/P$, 由于

$$(\mathbb{Z} + P)/P \cong \mathbb{Z}/(\mathbb{Z} \cap P) = \mathbb{Z}_p,$$

因此

$$R/P = \mathbb{Z}[u_1, \cdots, u_n]/P \cong \mathbb{Z}_p[\bar{u}_1, \cdots, \bar{u}_n],$$

其中 $\bar{u}_i := u_i + P$, $i = 1, \cdots, n$. 由此

$$\bar{f}(x) = (x - \bar{u}_1) \cdots (x - \bar{u}_n).$$

因此 $\bar{E}$ 为 $\bar{f}(x)$ 在 $\mathbb{Z}_p$ 上的分裂域. 考虑 $\mathrm{Gal}(f)$ 的子群

$$D_P := \{\sigma \in \mathrm{Gal}(f) \mid \sigma(P) = P\}.$$

由于任意 $\sigma \in \mathrm{Gal}(f)$ 都满足 $\sigma(R) = R$, 因此任意 $\sigma \in D_P$ 诱导商环的同构

$$\bar{\sigma} : R/P \longrightarrow R/P, \quad u + P \mapsto \sigma(u) + P.$$

因此 $\bar{\sigma} \in \mathrm{Aut}_{\mathbb{Z}_p} \bar{E} = \mathrm{Gal}(\bar{f})$. 这给出群同态

$$\phi : D_P \longrightarrow \mathrm{Gal}(\bar{f}), \quad \sigma \mapsto \bar{\sigma}.$$

如果 $\bar{\sigma} = \mathrm{id}$, 那么 $\bar{\sigma}$ 在 $\bar{u}_1, \cdots, \bar{u}_n$ 上置换是平凡的, 由于 $\bar{u}_1, \cdots, \bar{u}_n$ 互不相同, σ 在 $u_1, \cdots, u_n$ 上的置换也是平凡的, 所以 $\sigma = \mathrm{id}$. 因此 ϕ 是单同态.

下面我们证明 ϕ 是满同态, 由于 $\bar{E}/\mathbb{Z}_p$ 是伽罗瓦扩张, 根据伽罗瓦基本定理, 我们只需要证明 $(\mathrm{Im}\,\phi)' = \mathbb{Z}_p$ 即可, 等价地, 对任意 $\bar{a} \in \bar{E} \backslash \mathbb{Z}_p$, 存在 $\sigma \in D_P$ 使得 $\bar{\sigma}(\bar{a}) \neq \bar{a}$. 由于 P 是 R 的极大理想, 取 $\mathrm{Gal}(f)$ 关于 D_P 的左陪集代数元集 $\sigma_1 = \mathrm{id}, \cdots, \sigma_s$, 则有 $\sigma_1(P) = P, \cdots, \sigma_s(P)$ 是 R 的两两不同的极大理想, 从而两两互素. 对任意 $\bar{a} \in \bar{E}$, 取 $a \in R$ 使得 $a + P = \bar{a}$. 由中国剩余定理, 存在 $u \in R$ 使得

$$u + P = a + P, \quad u + \sigma_i(P) = 0 + \sigma_i(P), \quad i = 2, \cdots, s.$$

对任意 $\sigma \in \mathrm{Gal}(f) \backslash D_P$, σ^{-1} 属于某个左陪集 $\sigma_i D_P$, 其中 $i \geqslant 2$, 且 $\sigma^{-1}(P) = \sigma_i(P)$, 从而 $u + \sigma^{-1}(P) = 0 + \sigma^{-1}(P)$, 即 $\sigma(u) + P = 0 + P$ 对所有 $\sigma \in \mathrm{Gal}(f) \backslash D_P$ 成立. 对 $\sigma \in D_P$ 则有 $\sigma(u) + P = \sigma(a) + P$. 考虑多项式

$$g(x) = \prod_{\sigma \in \mathrm{Gal}(f)} (x - \sigma(u)),$$

其系数既属于 $\mathbb{Q}$, 又属于 R, 为代数整数, 从而其系数都是整数. 所以

$$
\begin{aligned}
\bar{g}(x) &= \prod_{\sigma \in \mathrm{Gal}(f)} \left(x - \overline{\sigma(u)} \right) \\
&= x^m \prod_{\sigma \in D_P} \left(x - \overline{\sigma(u)} \right) \\
&= x^m \prod_{\sigma \in D_P} \left(x - \overline{\sigma(a)} \right) \\
&= x^m \prod_{\sigma \in D_P} (x - \bar{\sigma}(\bar{a})).
\end{aligned}
$$

这里 $m = |\mathrm{Gal}(f) \backslash D_P|$. 注意到 $\bar{g}(x) \in \mathbb{Z}_p[x]$, 如果 $\bar{a} \notin \mathbb{Z}_p$, 那么 $\bar{a}$ 在 $\mathbb{Z}_p$ 上的极小多项式 $\bar{p}(x)$ 次数大于 1 且整除 $\bar{g}(x)$, 从而整除 $\prod_{\sigma \in D_P}(x - \bar{\sigma}(\bar{a}))$. 令 v 为 $\bar{p}(x)$ 在 $\bar{E}$ 中不同于 $\bar{a}$ 的根, 则存在 $\sigma \in D_P$ 使得 $\bar{\sigma}(\bar{a}) = v \neq \bar{a}$. 这样就证明了在伽罗瓦扩张 $\bar{E}/\mathbb{Z}_p$ 中被 $\mathrm{Im}\,\phi$ 固定的元素只有 $\mathbb{Z}_p$ 中的元素, 因此 $\mathrm{Im}\,\phi = \mathrm{Gal}(\bar{f})$. 这就证明了结论 (1).

(2) 对于 $i = 1, \cdots, r$, 我们用 $\bar{E}_i$ 表示 $\bar{f}_i(x)$ 在 $\bar{E}$ 中的分裂域. 由于有限域的有限扩张都是伽罗瓦扩张, 由伽罗瓦基本定理, 限制映射 $\mathrm{Gal}(\bar{f}) \longrightarrow \mathrm{Gal}(\bar{f}_i)$, $\tau \longrightarrow \tau|_{\bar{E}_i}$ 是群的满同态. 现在 $\mathrm{Gal}(\bar{f})$ 是循环群, 令 $\bar{\sigma}$ 是其生成元, 则 $\bar{\sigma}|_{\bar{E}_i}$ 是 $\mathrm{Gal}(\bar{f}_i)$ 的生成元, 由于 $\mathrm{Gal}(\bar{f}_i)$ 为循环群, 且作用在其 n_i 个根上是可迁的, 因此其生成元 $\bar{\sigma}|_{\bar{E}_i}$ 是 n_i 循环. 这样我们看到 $\bar{\sigma}$ 作用在每个 $\bar{f}_i(x)$ 的 n_i 个根上都是 n_i 循环, 而这些不可约因式没有公共根, 所以 $\bar{\sigma}$ 作用在 $\bar{f}(x)$ 的 n 个根上的置换可以写成 $\bar{\sigma}_1 \bar{\sigma}_2 \cdots \bar{\sigma}_r$, 其中 $\bar{\sigma}_i$ 为 n_i 循环的形式. 另一方面由 D_P 与 $\mathrm{Gal}(\bar{f})$ 的同构, $\bar{\sigma}$ 在 D_P 中对应的元素 σ 作用在 $u_1, u_2, \cdots, u_n$ 上的置换与 $\bar{\sigma}$ 作用在 $\bar{u}_1, \bar{u}_2, \cdots, \bar{u}_n$ 上的置换对应一致. 因此 σ 是与 $\bar{\sigma}$ 同样形式的不相交循环的乘积. $\qquad\square$

这个定理是计算首一整系数多项式的伽罗瓦群的有力工具. 不过还有个技术问题需要解决, 如何判断一个 $\mathbb{Z}_p[x]$ 中多项式是否不可约?

引理 9.5   假设 p 为素数, 而 $f(x) \in \mathbb{Z}_p[x]$ 为 $n > 0$ 次多项式. 则 $f(x)$ 不可约当且仅当下面两条成立:

(1) $f(x) \mid (x^{p^n} - x)$;

(2) 对任意 n 的素因子 d, $(f(x), x^{p^{\frac{n}{d}}} - x) = 1$.

证明   先假设 $f(x)$ 不可约. 假设 α 为 $f(x)$ 在其分裂域中的根, 则 $\mathbb{Z}_p(\alpha)$ 是 $\mathbb{Z}_p$ 的 n 次扩张, 为 p^n 元域. 所以 α 是多项式 $x^{p^n} - x$ 的根, $f(x)$ 与 $x^{p^n} - x$ 在 $\mathbb{Z}_p(\alpha)[x]$ 中不互素, 从而在 $\mathbb{Z}_p[x]$ 中也不互素. 由于 $f(x)$ 不可约, 所以 $f(x) \mid (x^{p^n} - x)$.

对于 n 的素因子 d, 记 $m = \dfrac{n}{d}$, 如果 $f(x)$ 与 $x^{p^m} - x$ 不互素, 则 $f(x)$ 在 $\mathbb{F}_{p^m}$ 中有根 α. 这导致 $n = \deg f(x) = [\mathbb{Z}_p(\alpha) : \mathbb{Z}_p] \leqslant [\mathbb{F}_{p^m} : \mathbb{Z}_p] = m < n$, 产生矛盾.

反过来, 假设条件 (1) 和 (2) 成立, 但 $f(x)$ 可约. 令 $f_1(x)$ 为 $f(x)$ 的一个 m 次不可约因式, 则 $1 < m < n$. 由于 $f(x) \mid x^{p^n} - x$, 因此 $\mathbb{F}_{p^n}$ 包含 $f(x)$ 的一个分裂域, 从而 $f_1(x)$ 在 $\mathbb{F}_{p^n}$ 中有根 α. 所以

$$m = \deg f_1(x) = [\mathbb{Z}_p(\alpha) : \mathbb{Z}_p] \mid [\mathbb{F}_{p^n} : \mathbb{Z}_p] = n.$$

必存在 n 的素因子 d 使得 $m \mid \dfrac{n}{d}$. 由于 $\mathbb{Z}_p(\alpha)$ 是 p^m 元域, 所以 $\alpha^{p^m} - \alpha = 0$. 现在 $m \mid d\dfrac{n}{d}$, 这导致 $\left(x^{p^m} - x\right) \mid \left(x^{p^{\frac{n}{d}}} - x\right)$. 所以 $\alpha^{p^{\frac{n}{d}}} - \alpha = 0$, 因此 $f_1(x) \mid \left(x^{p^{\frac{n}{d}}} - x\right)$. 这与条件 (2) 矛盾. $\square$

现在我们考虑本书一开始讨论的例子 $f(x) = x^5 - x + 1$. 在 $\mathbb{Z}_2[x]$ 中考虑有 $x^5 - x + 1 = (x^2 + x + 1)(x^3 + x^2 + 1)$. 根据定理 9.4, $\mathrm{Gal}(f)$ 有元素形如 $\sigma = (abc)(de)$. $\sigma^3 = (de)$ 是一个对换. 另一方面, 在 $\mathbb{Z}_3[x]$ 考虑 $f(x)$, 根据引理 9.5, $f(x)$ 在 $\mathbb{Z}_3[x]$ 中不可约. 实际上, 此时引理 9.5 条件 (2) 为 $(f(x), x^3 - x) = 1$, 这等价于 $f(x)$ 在 $\mathbb{Z}_3$ 中没有根, 这很容易验证. 条件 (1) 是 $f(x) \mid (x^{243} - x)$, 这个手动计算确实有点困难, 不过可以借助数学软件完成. 这样 $\mathrm{Gal}(f)$ 中就包含一个 5 循环. 根据引理 5.7 可知 $\mathrm{Gal}(f) \cong S_5$. 所以 $x^5 - x + 1$ 不能根式解.

另外, 利用戴德金定理, 对任意正整数 n, 我们可以构造出整系数多项式 $f(x)$, 使得 $f(x)$ 的伽罗瓦群是 S_n. 这个方法来自于 [11, Section 8.10]. 这里需要用到关于有限域的一个事实: 对任意正整数 n, $\mathbb{Z}_p[x]$ 中存在 n 次首一不可约多项式. 实际上, 由有限域的存在性, 对任意素数 p 和正整数 n 存在有限域 F, 使得 $[F : \mathbb{Z}_p] = n$. 由于 $F/\mathbb{Z}_p$ 是单扩张 $\mathbb{Z}_p(\alpha)$, 从而 α 在 $\mathbb{Z}_p$ 上的首一极小多项式 $p(x)$ 是 $\mathbb{Z}_p[x]$ 中的 n 次首一不可约多项式.

对任意正整数 $n \geqslant 3$, 这里取三个 n 次整系数首一多项式 f_1, f_2, f_3, 使得
- f_1 在 $\mathbb{Z}_2[x]$ 中不可约.
- $f_2 = g_1 g_2$, 其中 $g_1 \in \mathbb{Z}[x]$ 是 $n-1$ 次首一多项式且在 $\mathbb{Z}_3[x]$ 中不可约, $g_2 = x - 1$.
- 取 $h_1 \in \mathbb{Z}[x]$ 为 2 次首一多项式且在 $\mathbb{Z}_5[x]$ 中不可约. 如果 $n-2$ 是奇数, 则取 $h_2 \in \mathbb{Z}[x]$ 为 $n-2$ 次首一多项式且在 $\mathbb{Z}_5[x]$ 中不可约, 并令 $f_3 = h_1 h_2$; 如果 $n-2$ 是偶数, 则令 $h_2 = x - 1$, $h_3 \in \mathbb{Z}[x]$ 为 $n-3$ 次首一多项式 (不等于 h_2) 且在 $\mathbb{Z}_5[x]$ 中不可约, 并令 $f_3 = h_1 h_2 h_3$.

最后令 $f = -15 f_1 + 10 f_2 + 6 f_3$, 则 f 是 n 次首一整系数多项式, 且满足

$$f \equiv f_1 \pmod{2}, \quad f \equiv f_2 \pmod{3}, \quad f \equiv f_3 \pmod{5}.$$

由于 f_1 在 $\mathbb{Z}_2[x]$ 中不可约, 因此 f 也是不可约的. 由命题 5.1, $\mathrm{Gal}(f)$ 是 S_n 的一个可迁子群. 由戴德金定理, 根据 f_2 在 $\mathbb{Z}_3[x]$ 中的分解可知 $\mathrm{Gal}(f)$ 中存在 $n-1$ 循环, 不妨设为 $\sigma = (1\,2\cdots n-1)$. 由 f_3 在 $\mathbb{Z}_5[x]$ 中的分解, $\mathrm{Gal}(f)$ 中存在形如 $\theta = (i\,j)\tau$ 的元素, 其中 τ 是一个 k 循环, 其中 $k = n-2$ 或者 $n-3$ 为奇数. 从而 $\theta^k = (i\,j)$ 为对换. 由于 $\mathrm{Gal}(f)$ 是 S_n 的可迁子群, 因此存在 $\eta \in \mathrm{Gal}(f)$ 使得 $\eta(j) = n$, 从而 $\eta(i\,j)\eta^{-1} = (a\,n)$. 其中 $a \in \{1, \cdots, n-1\}$. 最后用 σ 的方幂共轭在 $(a\,n)$ 上可得 $(s\,n), s = 1, \cdots, n-1$ 都属于 $\mathrm{Gal}(f)$, 从而 $\mathrm{Gal}(f) = S_n$.

例如: 取

$$f_1 = x^6 + x^3 + 1,$$

$$f_2 = (x^5 + 2x + 1)(x - 1),$$

$$f_3 = (x^2 + x + 1)(x - 1)(x^3 + x + 1),$$

则 f_1 在 $\mathbb{Z}_2[x]$ 中不可约, $x^5 + 2x + 1$ 在 $\mathbb{Z}_3[x]$ 中不可约, 而 $x^2 + x + 1$ 和 $x^3 + x + 1$ 在 $\mathbb{Z}_5[x]$ 中不可约, 根据上面的讨论

$$f = -15f_1 + 10f_2 + 6f_3 = x^6 - 10x^5 + 6x^4 - 15x^3 + 20x^2 - 16x - 31$$

在 $\mathbb{Q}$ 上的伽罗瓦群 $\mathrm{Gal}(f) = S_6$.

对伽罗瓦理论的相关介绍, 有兴趣的读者可参考文献 [12].

<h2 style="text-align:center">习　题</h2>

1. 证明: $x^5 + 3x^2 + 2x + 3$ 在 $\mathbb{Q}$ 上的伽罗瓦群为 S_5.

2. 证明: $x^7 - x - 1$ 在 $\mathbb{Q}$ 上的伽罗瓦群为 S_7.

3. 证明: 如果 H 是 S_n 的可迁子群且同时包含一个 n 循环和 $n-1$ 循环, 则 $H = S_n$.

4. 确定多项式 $f(x) = x^6 - 12x^4 + 15x^3 - 6x^2 + 15x + 12$ 在 $\mathbb{Q}$ 上的伽罗瓦群.

5. 构造一个整系数多项式 $f(x)$, 使得 $f(x)$ 在 $\mathbb{Q}$ 上的伽罗瓦群为 S_4.

参 考 文 献

[1] ABEL N H. Beweis der Unmöglichkeit, algebraische Gleichungen von höheren Graden als dem vierten allgemein aufzulösen. Journal für die reine und angewanate Mathematik, 1826, 1: 65-84.

[2] BURGER E, TUBBS R. Making transcendence transparent: an intuitive approach to classical transcendental number theory. New York: Springer-Verlag, 2004.

[3] EDWARDS H M. Galois theory. New York: Springer-Verlag, 1993.

[4] BURNSIDE W. On groups of order $p^\alpha q^\beta$. Proc. London Math. Soc., 1904, (2): 388-392.

[5] FEIT W, THOMPSON J G. Solvability of groups of odd order. Pacific J. Math., 1963, 13: 775-1029.

[6] HUNGERFORD T, Algebra. New York: Springer-Verlag, 1980.

[7] JACOBSON N. Basic algebra: I. 2nd ed. New York: W. H. Freeman and Company, 1985.

[8] MALLE G, MATZAT B H. Inverse Galois theory. 2nd ed. Berlin: Springer, 2018.

[9] NEUKIRCH J, SCHMIDT A, WINGBERG K. Cohomology of Number Fields. New York: Springer-Verlag, 2000: 476-507.

[10] SHAFAREVICH I R. Construction of fields of algebraic numbers with given solvable Galois group(Russian). Izv. Akad. Nauk SSSR Ser. Mat., 1954, 18: 525-578.

[11] VAN DER WAERDEN B L. Algebra: I. New York: Springer-Verlag, 1991.

[12] 章璞. 伽罗瓦理论: 天才的激情. 北京: 高等教育出版社, 2013.

索　引